呼伦贝尔市
外来入侵植物名录

呼伦贝尔市农业技术推广中心　主编

中国农业科学技术出版社

图书在版编目（CIP）数据

呼伦贝尔市外来入侵植物名录 / 呼伦贝尔市农业技术推广中心主编 . -- 北京：中国农业科学技术出版社，2024. 12. -- ISBN 978-7-5116-7204-9

Ⅰ . Q941-61

中国国家版本馆 CIP 数据核字第 202482SX76 号

责任编辑 李冠桥
责任校对 王 彦
责任印制 姜义伟 王思文

出 版 者 中国农业科学技术出版社
北京市中关村南大街 12 号 邮编：100081
电 话 （010）82106632（编辑室）（010）82106624（发行部）
（010）82109709（读者服务部）
网 址 https://castp.caas.cn
经 销 者 各地新华书店
印 刷 者 北京捷迅佳彩印刷有限公司
开 本 170 mm×240 mm 1/16
印 张 8.25
字 数 124 千字
版 次 2024 年 12 月第 1 版 2024 年 12 月第 1 次印刷
定 价 80.00 元

《呼伦贝尔市外来入侵植物名录》

编委会

序

外来入侵植物是指通过自然以及人类活动等无意或有意地传播或引入异域的植物，通过归化自身建立可繁殖的种群，进而影响侵入地的生物多样性，使入侵地生态环境受到破坏，并造成经济影响或损失。

外来植物引入我国的历史比较悠久，早在唐代就有了相关的记载，后随着我国国际贸易的飞速发展，一些外来植物和检疫性有害生物入侵的风险急剧增加，加之多样化的生态系统使大多数外来种可以在我国找到合适的栖息地，这使得我国生物入侵的形势更加严峻。

呼伦贝尔市地域辽阔，北接俄罗斯、西邻蒙古国，是中国向北开放重要的桥头堡，外来植物入侵潜在风险巨大。近几年，呼伦贝尔市曾多次开展外来入侵植物的调查，但主要是对少数入侵种类的调查及研究，缺乏对外来入侵植物的详细普查，本底资料十分欠缺。依托全国第一次外来入侵物种普查工作，2021—2023 年，呼伦贝尔市积极开展外来入侵植物的普查，历经 3 年的努力，基本摸清了呼伦贝尔市入侵植物的种类、数量与分布范围。

本书共收录外来入侵植物 17 科 43 属 57 种，是对呼伦贝尔市现阶段入侵植物的系统总结，也是了解和认识呼伦贝尔地区外来入侵植物的必备参考书。

编　者

2024 年 10 月

前言

近年来，随着经济社会快速发展和全球经济一体化的推进，国家地区间的地理边界加速弱化，大量未经检疫准入的外来生物不断闯关，冲击国门，严重威胁我国的经济发展及生态安全。有资料显示，目前我国外来入侵物种700余种，其中危害严重的达100多种。为有效应对外来物种入侵，2021年4月15日我国正式出台了《中华人民共和国生物安全法》，2021年6月农业农村部会同财政部、自然资源部、生态环境部、住房和城乡建设部、海关总署、国家林业和草原局联合印发了《关于印发外来入侵物种普查总体方案的通知》，启动了全国外来入侵物种普查工作。

本书依托普查项目，参考《内蒙古植物志》《东北草本植物志》《呼伦贝尔野生植物》等著作，对呼伦贝尔地区的外来入侵植物普查结果进行了汇总与分析，同时综合考虑地理位置及气候类型等因素，还收录了周边地区危害严重且入侵风险较大的部分外来入侵植物。本书共收录1～5级外来入侵植物17科43属57种。分别介绍了每种外来入侵植物的信息，包括拉丁学名、中文名、形态特征、原产地、生境、传入扩散、危害等，同时收集整理了入侵物种不同生育期、不同部位的典型代表图片，是了解和认识呼伦贝尔地区外来入侵植物的必备参考书，可为相关部门外来入侵生物识别及研究生物入侵提供参考。

本书编写工作主要由呼伦贝尔市农业技术推广中心从事外来入侵物种普查的工作人员完成，同时也得到了内蒙古自治区农牧业生态保护中心及呼伦贝尔市各旗市区农牧业生态与资源保护系统的大力支持，本书的成稿得益于全体编写人员的共同努力，不足之处敬请广大读者批评指正。

编　者

2024年10月

编写说明

主要内容:《呼伦贝尔市外来入侵植物名录》共收录外来入侵植物17科43属57种。分别介绍了每种外来入侵植物的信息，包括拉丁学名、中文名、形态特征、原产地、生境、传入扩散、危害等，同时收集整理了入侵物种不同生育期、不同部位的典型代表图片。

等级划分：根据外来入侵植物的生物学与生态学特性、自然地理分布、入侵范围及产生的危害，参照《中国外来入侵植物的等级划分与地理分布格局分析》将外来入侵植物划分为5个等级，名称及定义如下：

1级，恶性入侵种：指在国家层面上已经对经济和生态效益造成巨大损失和严重影响，入侵范围在1个以上自然地理区域的入侵植物。

2级，严重入侵种：指在国家层面上对经济和生态效益造成较大的损失与影响，并且入侵范围至少在1个自然地理区域的入侵植物。

3级，局部入侵种：指没有造成国家层面上大规模危害，分布范围在1个自然地理区域并造成局部危害的入侵植物。

4级，一般入侵种：指地理分布范围无论广泛还是狭窄，其生物学特性已确定危害性不明显，并且难以形成新的发展趋势的入侵植物。

5级，有待观察种：指目前没有达到入侵级别，尚处于归化状态，或了解不详而目前无法确定未来发展趋势的物种。

分类系统及物种排序：本书植物科的排列顺序参考恩格勒系统（1964）。

目 录

注：带 * 表示已经列入《重点管理外来入侵物种名录》。

一、大麻科

1 大麻属 – 大麻（*Cannabis sativa* L.）

别名：火麻、线麻、野麻、胡麻、麻　　　等级：4 级一般入侵种

形态特征：大麻为一年生草本植物，高 1 ～ 3 米，根木质化。茎直立，皮层富纤维，灰绿色。具纵沟，密被短柔毛。叶互生或下部的对生，掌状复叶，小叶 3 ～ 7。生于茎顶的具 1 ～ 3 小叶，披针形至条状披针形。两端渐尖，边缘具粗锯齿，上面深绿色，粗糙。被短硬毛，下面淡绿色，密被灰白色毡毛；叶柄长 4 ～ 15 厘米，半圆柱形，上有纵沟，密被短绵毛；托叶侧生，线状披针形，长 8 ～ 10 毫米，先端渐尖，密被短绵毛。花单性，雌雄异株。雄株名牡麻或枲麻，雌株名苴麻或苎麻；花序生于上叶的叶腋，雄花排列成长而疏散的圆锥花序。淡黄绿色，萼片 5，长卵形，背面及边缘均有短毛，无花瓣；雄穗 5，长约 5 毫米，花丝细长，花药大，黄色。悬垂。富于花粉，无雌蕊；雌花序呈短穗状，绿色，每朵花在外具 1 卵形苞片，先端渐尖，内有 1 薄膜状花被，紧包子房。两者背面均有短柔毛。雌蕊 1，子房球形无柄，花柱二歧。瘦果扁卵形，硬质，灰色，基部无关节，难以脱落。表面光滑而有细网纹，全被宿存的黄褐色苞片所包裹。染色体 $2n$=20。花期 7—8 月，果期 9—10 月。

原产地：关于大麻原产地的说法有很多，但目前中亚地区是大多数学者所认可的起源地。如今，除大洋洲外，广泛分布于全世界。我国各省份均有栽培。东北、西北、华北地区常见逸生。

生境：常生于居民点附近、山坡、农田、路旁荒地、疏林下及水边高地。

传入扩散：关于大麻的记录，我国最早出现在《诗经》中，具体年代已经不可考，且记载的都是栽培的“麻”。之后我国各种农书、本草学著作均有关于大麻的记载。2002 年大麻作为外来入侵物种被首次报告，随后关于大麻入侵的报道日益增多。根据研究，在人类大范围活动以前，大麻最早可能

是由鸟类携带种子而自然传播于中国境内，然后随着人类活动将其传播，成为中国古代的主要栽培作物之一。由此可知，大麻的广泛分布是自古至今由自然传播和人类引种共同作用的结果。目前，呼伦贝尔市各旗市区均有大麻分布。

危害：大麻在我国为一般性农田杂草，可影响农作物产量，增加除草成本。

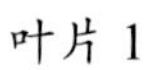

叶片 1

叶片 2

幼株

花序

植株

生境

二、石竹科

② 麦仙翁属－麦仙翁（*Agrostemma githago* L.）

别名：麦毒草　　　等级：4 级一般入侵种

形态特征：麦仙翁为一年生草本植物，高 30 ～ 90 厘米，全株密被白色长硬毛。茎单生，直立，不分枝或上部分枝。叶片线形或线状披针形，长 4 ～ 13 厘米，宽 5 ～ 10 毫米，基部微合生，抱茎，顶端渐尖，中脉明显。花单生，直径约 30 毫米，花梗极长；花萼长椭圆状卵形，长 12 ～ 15 毫米，后期微膨大，萼裂片线形，叶状，长 20 ～ 30 毫米；花瓣紫红色，比花萼短，爪狭楔形，白色，无毛，瓣片倒卵形，微凹缺；雄蕊微外露，花丝无毛；花柱外露，被长毛。蒴果卵形，长 12 ～ 18 毫米，微长于宿存萼，裂齿 5，外卷；种子呈不规则卵形或圆肾形，长 2.5 ～ 3 毫米，黑色，具棘凸。花期 6—8 月，果期 7—9 月。

原产地：原产于地中海沿岸地区，除南极洲之外的各大洲均有分布，主要分布温带地区，但随着种子检验检疫愈发严格及农业活动等诸多因素影响，其野生种群分布区越来越小，只有在机械化程度较低的农业活动区有较大的种群。

生境：喜开放、干扰的生境，常见于沟谷草地、田间路旁。

传入扩散：麦仙翁最早被收录于 1953 年出版的《华北经济植物志要》，《中国高等植物图鉴》也有记载，有学者认为该种是早期随麦种传入的杂草，后因其花颜色艳丽，有时供栽培观赏，因此引种栽培和种子贸易是其传播的主要途径。目前，麦仙翁仅在呼伦贝尔市阿荣旗发现，存在入侵周边旗县的风险。

危害：全株尤其是种子有毒，入侵农田后，种子易混入粮食中，对人、畜和家禽的健康造成危害，逸生的麦仙翁可直接对马、猪、牛和鸟类构成威胁，因此多数地区将其视为有害植物。

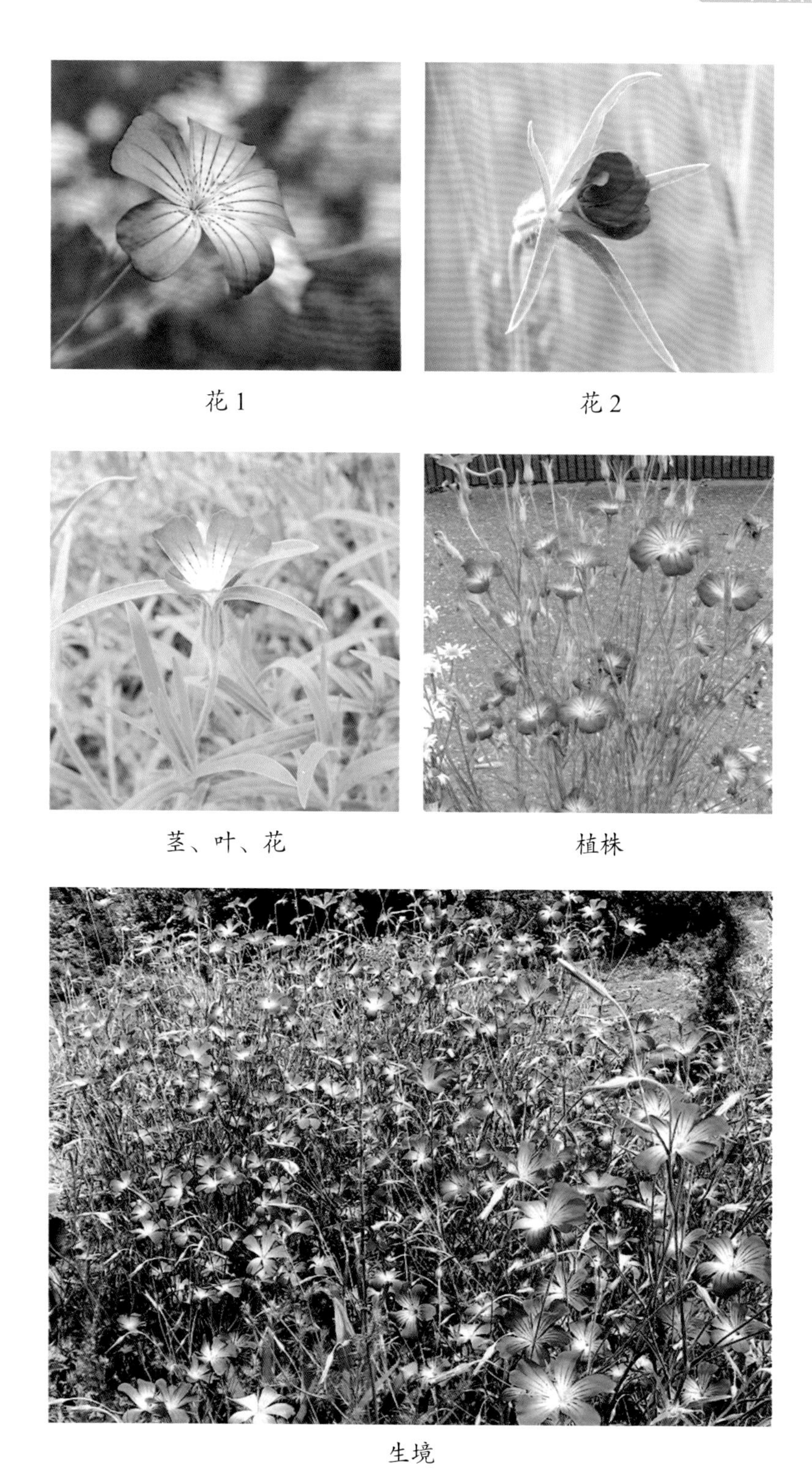

花 1

花 2

茎、叶、花

植株

生境

3 繁缕属－无瓣繁缕［*Stellaria pallida* (Dumortier) Crépin.］

别名：小繁缕　　　等级：4 级一般入侵种

形态特征：无瓣繁缕为一年至二年生草本植物，茎通常铺散，呈绿色或稍紫色，有时上升，基部分枝有 1 列长柔毛，但绝不被腺柔毛。叶小，叶片近卵形，长 5 ～ 8 毫米，有时达 1.5 厘米，顶端急尖，基部楔形，两面无毛，上部及中部者无柄，下部者具长柄。二歧聚伞状花序；花梗细长；萼片披针形，长 3 ～ 4 毫米，顶端急尖，稀卵圆状披针形而近钝，多少被密柔毛，稀无毛；花瓣无或小，近于退化；雄蕊 3 ～ 5 枚；花柱极短。种子小，淡红褐色，较繁缕等小 2 ～ 3 倍，直径 0.7 ～ 0.8 毫米，具不显著的小瘤凸，边缘多少锯齿状或近平滑。

原产地：原产于欧洲中部及西南部大部分地区，20 世纪后期被引入澳大利亚，1969 年传入美国，1996 年报道该种归化于日本。

生境：喜湿润的沙质土壤，喜干扰生境，生于路旁草丛、河岸、荒地、温室大棚、菜园以及园林绿化中。

传入扩散：20 世纪 40 年代随人类活动无意带入，首次传入地区为上海，1995 年首次作为外来杂草被报道。农业活动、种子及花卉苗木贸易是其传播的主要途径，风、动物活动等自然因素对其传播也有一定影响。目前，呼伦贝尔市多数旗县有分布。

危害：该种在其原产地以及分布地均被视为农田杂草。由于生育期短且其种子易于萌发的特性，在其生长地整个生长季节都能生长良好，且迅速蔓延，又耐践踏和刈割，从而影响农业生产，加大耕作成本，为蔬菜地危害较为严重的植物。

无瓣繁缕与繁缕非常相近，主要区别在于繁缕有明显的花瓣，无瓣繁缕看不到明显花瓣。

叶

幼株

花苞

无瓣繁缕的花（看不到明显花瓣）

繁缕的花（有明显白色花瓣）

生境

三、藜科

④ 藜属－杂配藜（*Chenopodium hybridum* L.）

别名：血见愁、大叶藜　　　等级：2 级严重入侵种

形态特征：杂配藜为一年生草本植物，高 40 ～ 90 厘米。茎直立，粗壮，具 5 锐棱，无毛，基部通常不分枝，枝细长，斜伸。叶具长柄，长 2 ～ 7 厘米；叶片质薄，宽卵形或卵状三角形，长 5 ～ 9 厘米，宽 4 ～ 6.5 厘米，先端锐尖或渐尖，基部微心形或几为圆状截形，边缘具不整齐微弯缺状渐尖或锐尖的裂片，两面无毛。下面叶脉凸起，黄绿色，花序圆锥状，较疏散，顶生或腋生；花两性兼有雌性；花被片 5，卵形，先端圆钝，基部合生，边缘膜质，背部具肥厚隆脊，腹面凹，包被果实。胞果双凸镜形，果皮薄膜质，具蜂窝状的四至六角形网纹；种子横生，扁圆形，两面凸，径 1.5 ～ 2 毫米，黑色，无光泽，边缘具钝棱，表面具明显的深洼点，胚环形。染色体 $2n=18$。花期 8—9 月，果期 9—10 月。

原产地：原产于欧洲和西亚，分布于欧亚大陆的温带地区，日本也有分布。该种也可能分布于北美洲，但其分布尚待证实。

生境：喜开阔生境及水分良好的土壤，生于林缘、山坡灌丛、田间地头、河边及居民点附近。

传入扩散：该种于 19 世纪中期通过货物运输及人口流动传入中国，首次传入地为河北省，随后传入北京和天津及其他省份。2002 年首次作为外来入侵物种被报道。其种子常通过农业生产活动、园林花卉贸易、种子运输等过程远距离无意扩散，鸟类、家畜携带以及气流等自然因素也有助于其种子传播。目前，呼伦贝尔市多数旗县有分布。

危害：其主要危害与常见的农田杂草藜（灰菜）相似，与农作物争夺养分，降低农作物产量，增加除草成本，在水分状况良好的沟渠或湿地可形成优势种群，排挤本地物种，影响生物多样性。

叶　　幼株

花序 1　　花序 2

植株　　生境

四、苋科

5 苋属－北美苋（*Amaranthus blitoides*）

别名：美苋　　　等级：4 级一般入侵种

形态特征：北美苋为一年生草本植物，高 15 ～ 30 厘米。茎平卧或斜升，通常由基部分枝，绿白色，部分植株呈粉红色，茎较肉质，具条棱，无毛或近无毛。叶片倒卵形、匙形至矩圆状倒披针形，长 0.5 ～ 2 厘米，宽 0.3 ～ 1.5 厘米，先端钝或锐尖，具小凸尖，基部楔形，全缘，具白色边缘，上面绿色，下面淡绿色，叶脉隆起，两面无毛；叶柄长 5 ～ 1.5 毫米。花簇小，腋生，有少数花；苞片及小苞片披针形，长约 3 毫米；花被片通常 4，有时 5，雄花的卵状披针形，先端短渐尖，雌花的矩圆状披针形，长短不一，基部成软骨质肥厚。胞果椭圆形，长约 2 毫米，环状横裂；种子卵形，直径 1.3 ～ 1.6 毫米，黑色，有光泽。花期 8—9 月，果期 9—10 月。

原产地：原产于北美，现在欧洲、中亚、中国东北、日本等地均有分布。

生境：气候适应性广泛，常在贫瘠干旱的沙质土壤上生长，常见于铁路和公路边、荒地、垃圾场和田间地头。

传入扩散：该种未见到明确的传入记录，北美苋在开花前可作为蔬菜食用，也可作为饲料，因此推测其可能是夹杂在进口粮食中无意带入或者作为蔬菜、饲料被有意引入的。在我国较早的记载见于 1959 年出版的《东北草本植物》，2002 年首次报道该种入侵北京。其种子传播是通过风力或者被鸟类或其他动物取食排泄后传播，水流也可传播其种子，也可随农机具污染或混入羊毛制品和农产品中通过调运进行远距离扩散。目前，已在呼伦贝尔市海拉尔区及牧业旗县发现该植物，其他地区存在一定的入侵风险。

危害：北美苋的伏地茎多次分枝，可形成直径达 1 米以上的紧密毯子，在美国被列为次生的恶性杂草，它还是部分昆虫和病毒的寄主，对作物造成相当大的破坏，国外研究表明北美苋可引起猪和牛中毒。目前，北美苋在呼伦贝尔市的发现区域内还未显现出较明显的危害情况，在部分区域内竞争优势不明显，植株生长矮小，但需要重点关注。

叶 1　叶 2

花　植株

幼株　生境

6 苋属 – 白苋（*Amaranthus albus* L.）

别名：西天谷　　　等级：3 级局部入侵种

形态特征：白苋为一年生草本植物，高 30 ～ 50 厘米，茎上升或直立，从基部分枝，分枝铺散，绿白色，有不明显棱角，无毛或具糙毛；叶片倒卵形或匙形，长 5 ～ 20 毫米，顶端圆钝或微凹，具凸头，基部渐狭，边缘微波状，无毛，叶柄长 3 ～ 5 毫米，无毛；花簇腋生，或成短顶生穗状花序，有 1 或数花，苞片及小苞片钻形，长 2 ～ 2.5 毫米，稍坚硬，顶端长锥状锐尖，向外反曲，背面具龙骨，花被片长 1 毫米，比苞片短，稍呈薄膜状雄花者矩圆形，顶端长渐尖，雌花者矩圆形或钻形，顶端短渐尖，雄蕊伸出花外，柱头 3；胞果扁平，倒卵形，长 1.2 ～ 1.5 毫米，黑褐色，皱缩，环状横裂，种子近球形，直径约 1 毫米，黑色至黑棕色，边缘锐；花期 7—8 月，果期 9 月。白苋与北美苋相似，白苋的花被片为 3，苞片长于花被片；北美苋的花被片为 4，苞片短于花被片，北美苋多匍匐生长，且茎多为红色，白苋的茎为绿白色，故二者也易于区别。

原产地：原产于北美洲中部平原地区，随后向北美洲南部和东南部扩散，向北到达北美洲北部更冷更潮湿的地区，18 世纪 20 年代归化于加拿大。目前遍布南美洲、非洲、澳大利亚和欧亚大陆。

生境：与北美苋相似，常在贫瘠干旱的沙质土壤上生长，常见于铁路和公路边、荒地、垃圾场和田间地头。

传入扩散：该种未见到明确的传入记录，白苋在中国最早的记录见于 1935 年出版的《中国北部植物图志》，2004 年报道其为外来入侵种。在以往的文献资料中，白苋没有实际的用途，因此推测是夹杂在进口粮食中无意带入我国的。其种子传播是通过风力、水流或者被鸟类或其他动物取食排泄后传播，也可随农机具污染进行传播，其种子可在高温下存活并随着堆肥的使用而被传播。在调查过程中呼伦贝尔市未发现白苋植株，但根据 2018 年出版的《呼伦贝尔野生植物》记载，白苋分布于呼伦贝尔市新巴尔虎左旗和新巴尔虎右旗。

危害：白苋在加拿大被列为恶性杂草，是非灌溉田中的优势杂草，也是部分昆虫、线虫和病毒的寄主，能对作物造成相当大的破坏。

叶

花序

植株 1

植株 2

生境

7 苋属－反枝苋（*Amaranthus retroflexus* L.）

别名：绿苋、人苋菜、野苋菜　　　等级：1级恶性入侵种

形态特征：反枝苋是一年生草本植物，高20～60厘米。有时达1米多；茎直立，粗壮，分枝或不分枝，被短柔毛，淡绿色，有时具淡紫色条纹，略有纯棱，叶片椭圆状卵形或菱状卵形，长5～10厘米，宽3～6厘米，先端锐尖或微缺，具小凸尖，基部楔形，全缘或波状缘，两面及边缘被柔毛，下面毛较密，叶脉隆起；叶柄长3～5厘米，有柔毛。圆锥花序顶生及腋生，直立，由多数穗状序组成，顶生花穗较侧生者长；苞片及小苞片锥状，长4～6毫米，顶端针芒状，背部具隆脊，边缘透明膜质；花被片5，矩圆形或倒披针形，长约2毫米，先端锐尖或微凹，具芒尖，透明膜质，有绿色隆起的中肋；雄蕊5枚，超出花被；柱头3，长刺锥状，胞果扁卵形。环状横裂，包于宿存的花被内，种子近球形，直径约1毫米，黑色或黑褐色，边缘钝。花期7—8月，果期8—9月。

原产地：原产于北美洲，17—18世纪由北美洲的殖民者引入加拿大。目前反枝苋已在北半球和南半球的温带地区广泛归化。

生境：反枝苋适生于各种类型和质地的土壤、低湿地以至干燥的丘陵地。喜肥沃土壤，在肥沃的荒废地区常成片生长，但在酸性土壤中较少见。反枝苋常见于耕地、撂荒地、路边、菜园、河岸、居民点旁，因其幼苗需要充足的阳光，故在密闭或阴冷的环境中少见。

传入扩散：作为受干扰区域和荒地的先锋植物，反枝苋随人类的迁徙而传播，19世纪中叶发现于河北省和山东省，种子通过风力、水、鸟类、昆虫以及农机具和堆肥传播。目前反枝苋在呼伦贝尔市均有分布。

危害：反枝苋作为世界性的恶性杂草，是田间各种作物中最具有破坏力和竞争性的杂草之一，是多种作物害虫和病毒的替代宿主。

它会导致大豆、玉米、棉花、甜菜、高粱和多种蔬菜作物持续减产。2014年8月被列入《中国外来入侵物种名单（第三批）》。

叶

植株

幼株

花序

生境

8 苋属 – 凹头苋（*Amaranthus blitum* L.）

别名：野苋、紫苋　　　　等级：2 级严重入侵种

形态特征：凹头苋为一年生草本植物，高 10 ～ 30 厘米，全体无毛；茎伏卧而上升，从基部分枝，淡绿色或紫红色。叶片卵形或菱状卵形，长 1.5 ～ 4.5 厘米，宽 1 ～ 3 厘米，顶端凹缺，有 1 芒尖，或微小不显，基部宽楔形，全缘或稍呈波状；叶柄长 1 ～ 3.5 厘米。花成腋生花簇，直至下部叶的腋部，生在茎端和枝端者成直立穗状花序或圆锥花序；苞片及小苞片矩圆形，长不及 1 毫米；花被片矩圆形或披针形，长 1.2 ～ 1.5 毫米，淡绿色，顶端急尖，边缘内曲，背部有 1 隆起中脉；雄蕊比花被片稍短；柱头 3 或 2，果熟时脱落。胞果扁卵形，长 3 毫米，不裂，微皱缩而近平滑，超出宿存花被片。种子环形，直径约 12 毫米，黑色至黑褐色，边缘具环状边。花期 7—8 月，果期 8—9 月。

原产地：原产于地中海地区、欧亚大陆和北非，最早被作为野菜种植，直到 18 世纪逐渐被菠菜代替。现分布于亚洲、欧洲、非洲北部及南部。

生境：凹头苋喜生于沙质土壤，特别是肥沃的土地，常发生于田间、苗圃、果园、温室大棚、耕地、废弃地、路边、居民点附近，温室大棚内发生居多。

传入扩散：该种传入我国时间不详，较早的记载见于北宋时期苏轼所著的《物类相感志》和明代兰茂所著的《滇南本草》，均被记载为野苋菜。推测其早期为有意引入，作药用和蔬菜。后其种子通过水流、风力或被鸟类和其他动物取食排泄后传播，也通过混入粮食等农产品中随货物运输而传播到各地。目前，呼伦贝尔市大部分旗市区均有分布。

危害：凹头苋在欧洲和亚洲多个国家被列为恶性杂草或主要杂草，广泛生长于田间、草原、果园、种植园以及苗圃之中，在日本和美国是山地农田的主要杂草之一。

叶　　幼株　　花序

植株

生境

9 苋属－长芒苋（*Amaranthus palmeri S.*）

别名：无　　　等级：1 级恶性入侵种

形态特征：长芒苋为一年生草本植物，雌雄异株，株高可达 300 厘米，茎直立，下部粗壮，绿黄色或浅红褐色，无毛或上部散生短柔毛。分枝斜展至近平展。叶片无毛，卵形至菱状卵形，先端钝、急尖或微凹，常具小突尖，叶基部楔形，略下延，叶全缘，侧脉每边 3 ～ 8 条。叶柄长，纤细。穗状花序生于茎顶和侧枝顶端，直立或略弯曲，花序长者可达 60 厘米以上。花序生于叶腋者较短，呈短圆柱状至头状。苞片钻状披针形，长 4 ～ 6 毫米，先端芒刺状，雄花苞片下部约 1/3 具宽膜质边缘，雌花苞片下半部具狭膜质边缘。雄花花被片 5，极不等长，长圆形，先端急尖，最外面的花被片长约 5 毫米，中肋粗，先端延伸成芒尖。其余花被片长 3.5 ～ 4 毫米，中肋较弱且少外伸。雄蕊 5，短于内轮花被片。雌花花被片 5，稍反曲，极不等长，最外面一片倒披针形，长 3 ～ 4 毫米，先端急尖，中肋粗壮，先端具芒尖。其余花被片匙形，长 2 ～ 2.5 毫米，先端截形至微凹，上部边缘啮蚀状，芒尖较短。果近球形，长 1.5 ～ 2 毫米，果皮膜质，上部微皱，周裂，包藏于宿存花被片内。

原产地：原产于美国南部至墨西哥北部，20 世纪初期，随着人类交通运输携带种子及农业生产规模的扩展，长芒苋开始扩散到原产地之外的区域。长芒苋于 1921 年在瑞士被发现，随后相继在瑞典、日本、奥地利、德国、法国等地被发现，近年来在英国、澳大利亚等地归化。

生境：多见于垃圾堆、沟渠地边、旷野荒地、耕地、村落边、铁路与公路边、农田和养殖场附近。

传入扩散：长芒苋被认为是随着进口粮食及家畜饲料而传入我国的，该种于 1985 年首次发现于北京市丰台区南苑乡范庄子村路旁，此后沿道路扩散蔓延并侵入菜地，现北京、河北、天津已有大量野生种群分布。长芒苋为风媒传粉，花粉传播距离可达 46 千米。由于其植株高大，在作物收获过程中，易同作物一同收割，从而混入农产品中传播扩散。呼伦贝尔市目前尚未发现长芒苋植株，但由于该物种潜在危害性严重，且呼伦贝尔市周边邻近省市又发生报道，需要重点关注。

危害：长芒苋被称为世界“杂草之王”，对常用的除草剂均具有抵抗力，入侵农田后，迅速占领土壤，与农作物争夺养分，严重抑制农作物的生长，在美国长芒苋可使玉米产量损失高达 91%，大豆产量损失高达 79%，棉花产量损失高达 65%，可以为害热带、亚热带地区种植的几乎所有重要作物。长芒苋结籽量极大，有利于繁衍和扩散。长芒苋覆盖度大，竞争力强，能抑制当地物种的生长，很容易形成优势群落，对生物多样性和生态环境起破坏作用。2016 年 12 月 12 日被列为《中国外来入侵物种名单（第四批）》，2023 年 1 月被列入我国《重点管理外来入侵物种名录》。

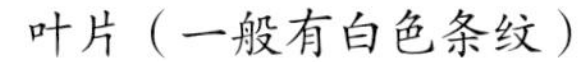
叶片（一般有白色条纹）

植株

花序 1

花序 2

生境

10 苋属－刺苋（*Amaranthus spinosus* L.）

别名：刺苋菜、勒苋菜　　　　等级：1 级恶性入侵种

形态特征：刺苋为一年生草本植物，高 30 ～ 150 厘米。茎直立，圆柱形或钝棱形，多分枝，有纵条纹，绿色或带紫色，无毛或稍有柔毛。叶片菱状卵形或卵状披针形，长 3 ～ 12 厘米，宽 1 ～ 5.5 厘米，顶端圆钝，具微凸头，基部楔形，全缘，无毛或幼时沿叶脉稍有柔毛；叶柄长 1 ～ 8 厘米，无毛，在其旁有 2 刺，刺长 5 ～ 10 毫米；圆锥花序腋生及顶生，长 3 ～ 25 厘米，下部顶生花穗常全部为雄花；苞片在腋生花簇及顶生花穗的基部者变成尖锐直刺，长 5 ～ 15 毫米，在顶生花穗的上部者狭披针形，长 1.5 毫米，顶端急尖，具凸尖，中脉绿色；小苞片狭披针形，长约 1.5 毫米；花被片绿色，顶端急尖，具凸尖，边缘透明，中脉绿色或带紫色，在雄花者矩圆形，长 2 ～ 2.5 毫米，在雌花者矩圆状匙形，长 1.5 毫米；雄蕊花丝略和花被片等长或较短；柱头 3，有时 2；胞果矩圆形，长 1 ～ 1.2 毫米；种子近球形，直径约 1 毫米，黑色或带棕黑色。花、果期为 7—11 月。

原产地：原产地分布不确定，可能原产于美洲热带，公元前 1700 年引入温带地区，后逐渐在加勒比海地区、非洲的西部和南部、孟加拉湾周围及亚洲和东南亚地区成为杂草。

生境：多见于耕地、牧场、菜地、路边、垃圾堆、撂荒地和次生林附近。

传入扩散：刺苋很少栽培，是种植园、作物地、牧场和果园的主要杂草。因此，它可能是随着作物、牧场种子和农业机械中的污染物而被无意带入。刺苋于 1849 年首次在我国香港被记录，目前已传播至我国多个省份。刺苋自交亲和、风媒传粉，种子可通过风力、水流自然扩散，也可夹杂在作物或牧草种子中，随人类活动和农产品携带进行远距离传播。目前，呼伦贝尔市未发现刺苋，但因其危害性较大，加之满洲里市有疑似刺苋的报道（后期调查未发现），毗邻的黑龙江、吉林、辽宁也都有分布，入侵风险较大，需要重点关注。

危害：刺苋从 20 世纪 60 年代呈现出暴发的趋势，已经成为农田里常见的杂草，作为一种外来入侵物种，危害是十分大的，常大量滋生危害旱作农田、蔬菜地及果园，严重消耗土壤肥力，同时刺苋竞争优势明显，能排挤本

地植物，导致入侵地生物多样性降低。成熟的刺苋植株长有硬刺，能伤害人畜，种子很小且产生量巨大，平均单株可以产生 23.5 万粒种子，成熟后种子又容易脱落，可以借助风、水、人和牲畜进行传播，一旦入侵很难根除。2010 年 1 月刺苋被列入《中国外来入侵物种名单（第二批）》，2023 年 1 月被列入我国《重点管理外来入侵物种名录》。

幼株

茎节处的尖刺

刺苋的茎和花序

花序

根

植株

生境

五、十字花科

⑪ 独行菜属 – 密花独行（*Lepidium densiflorum* Schrad.）

别名：琴叶独行菜　　　等级：5 级有待观察种

形态特征：密花独行菜为一年生草本植物，高 10 ～ 40 厘米，茎单一，直立，通常上部多分枝。具疏生柱状短柔毛。基生叶长圆形或椭圆形，有柄，叶片长 1.5 ～ 3.5 厘米，宽 5 ～ 10 毫米，先端急尖，基部楔形，边缘有不规则深锯齿状缺刻，稀羽状分裂；下部及中部茎生叶有短柄，边缘有锐锯齿，茎上部叶线形，近无柄，具疏锯齿或近全缘。全部叶下面均有柱状短柔毛，上面无毛。总状花序，花多数，密生，果期伸长；萼片卵形，长约 0.5 毫米。花瓣无或退化成丝状，仅为萼片长度的 1/2；花柱极短。短角果圆状倒卵形或广倒卵形，长 2 ～ 2.5 毫米，顶端圆钝，微缺，有翅，无毛，种子卵形，长约 1.5 毫米，黄褐色，边缘有不明显或极狭的透明白边，子叶背倚。花期为 5—6 月，果期为 6—7 月。

原产地：原产北美洲，广泛归化于欧洲、少数亚洲温带地区以及南半球的阿根廷、新西兰等地。

生境：多见于沙地、农田边及路旁。

传入扩散：该种最早在旅顺发现，人类活动可能是其传入的原因，密花独行菜最早被错误鉴定为北美独行菜，收录于 1959 年出版的《东北植物检索表》；后 1980 年出版的《东北草本植物志》中予以澄清，记载其分布东三省。2004 年出版的《中国外来入侵物种编目》将其列为外来入侵物种。目前呼伦贝尔市岭北地区有分布。

危害：密花独行菜在原产地北美地区是常见的栽培作物杂草，在俄罗斯和日本被列为外来入侵植物，在原产地外竞争优势明显，可形成大面积单一群落，影响本土植物生长。

幼株

花序 1

花序 2

植株

生境

六、豆科

⑫ 苜蓿属－紫苜蓿（*Medicago sativa* Linnaeus）

别名：苜蓿、紫花苜蓿　　　等级：4 级一般入侵种

形态特征：紫苜蓿为多年生草本，高 30 ～ 100 厘米。根系发达，主根粗而长，入土深度达 2 米多。茎直立或有时斜升，多分枝，无毛或疏生柔毛。羽状三出复叶，顶生小叶较大，托叶狭披针形或锥形，长 5 ～ 10 厘米，长渐尖，全缘或稍有齿，下部与叶柄合生；小叶矩圆状倒卵形、倒卵形或倒披针形，长（5）7 ～ 30 毫米，宽 3.5 ～ 13 毫米，先端钝或圆，具小刺尖，基部楔形，叶缘上部有锯齿，中下部全缘，上面无毛或近无毛，下面疏生柔毛。短总状花序腋生，具花 5 ～ 20 朵，通常较密集，总花梗超出于叶，有毛；花紫色或蓝紫色，花梗短，有毛；苞片小，条状锥形；花萼筒状钟形，长 5 ～ 6 毫米，有毛，萼齿锥形或狭披针形，渐尖，比萼筒长或与萼筒等长；旗瓣倒卵形，长 5.5 ～ 8.5 毫米，先端微凹，基部渐狭，翼瓣比旗瓣短，基部具较长的耳及爪，龙骨瓣比翼瓣稍短；子房条形，有毛或近无毛，花柱稍向内弯：柱头头状。荚果螺旋形，通常卷曲 1 ～ 2.5 圈，密生伏毛，含种子 1 ～ 10 颗；种子小，肾形，黄褐色。花期 6—7 月，果期 7—8 月。

原产地：该种原产于西亚，现归化于美洲、加勒比海地区。我国大部分省份均有分布。

生境：田边、沟谷、草地、路旁、旷野、河岸。

传入扩散：该种作为优质牧草、绿肥、蜜源植物被人们有意引入我国。

紫苜蓿最早记载于公元前 100 年，汉代张骞出使西域时首先引种到山西，后因人为活动而扩散到全国各地。其主要传播方式为人为引进后逃逸为野生或混杂于农作物种子中传播。目前呼伦贝尔市各旗市区均有分布。

危害：该种为旱地杂草，有时危害农作物、果园等造成减产，有时抑制当地乡土作物生长但危害不大。

茎与叶

花

花序

植株

生境

13 草木樨属 – 草木樨［*Melilotus officinalis* (L.) Pall.］

别名：黄花草木樨、黄香草木樨　　　等级：4 级一般入侵种

形态特征：草木樨为一年生或二年生草本，高 40 ～ 100（～ 250）厘米。茎直立，粗壮，多分枝，具纵棱，微被柔毛。羽状三出复叶；托叶镰状线形，长 3 ～ 5（～ 7）毫米，中央有 1 条脉纹，全缘或基部有 1 尖齿；叶柄细长；小叶倒卵形、阔卵形、倒披针形至线形，长 15 ～ 25(～ 30）毫米，宽 5 ～ 15 毫米，先端钝圆或截形，基部阔楔形，边缘具不整齐疏浅齿，上面无毛，粗糙，下面散生短柔毛，侧脉 8 ～ 12 对，平行直达齿尖，两面均不隆起，顶生小叶稍大，具较长的小叶柄，侧小叶的小叶柄短。总状花序长 6 ～ 15(～ 20）厘米，腋生，具花 30 ～ 70 朵，初时稠密，花开后渐疏松，花序轴在花期中显著伸展；苞片刺毛状，长约 1 毫米；花长 3.5 ～ 7 毫米；花梗与苞片等长或稍长；萼钟形，长约 2 毫米，脉纹 5 条，甚清晰，萼齿三角状披针形，稍不等长，比萼筒短；花冠黄色，旗瓣倒卵形，与翼瓣近等长，龙骨瓣稍短或三者均近等长；雄蕊筒在花后常宿存包于果外；子房卵状披针形，胚珠（4）6 ～ 8 粒，花柱长于子房。荚果卵形，长 3 ～ 5 毫米，宽约 2 毫米，先端具宿存花柱，表面具凹凸不平的横向细网纹，棕黑色；有种子 1 ～ 2 粒。种子卵形，长 2.5 毫米，黄褐色，平滑。花期 5—9 月，果期 6—10 月。

原产地：该种原产于西亚至南欧，现归化于中国。全国均有分布。

生境：路边、田边、荒地、果园、村旁、沙丘、山坡、草原。

传入扩散：该种作为优质牧草、绿肥、蜜源植物被人们有意引入我国。

后因人为活动而扩散到全国各地。其主要传播方式为人为引进后逃逸为野生。目前呼伦贝尔市各旗市区均有分布。

危害：在我国南方部分地区已经成为旱地主要杂草，危害果园及农田，但危害程度较轻；在北方的农牧交错带的公路沿线已经成为优势植物，对公路两侧植物多样性及景观已经造成一定危害。

叶和花

花苞

花序

植株

生境

14 草木樨属 – 白花草木樨（*Melilotus albus Medikus*）

别名：白蓿草木樨、白甜草木樨、白香草木樨　　　等级：4 级一般入侵种

形态特征：白花草木樨为一年生或二年生草本，高 70 ～ 200 厘米。茎直立，圆柱形，中空，多分枝，几无毛。羽状三出复叶；托叶尖刺状锥形，长 6 ～ 10 毫米，全缘；叶柄比小叶短，纤细；小叶长圆形或倒披针状长圆形，长 15 ～ 30 厘米，宽（4）6 ～ 12 毫米，先端钝圆，基部楔形，边缘疏生浅锯齿，上面无毛，下面被细柔毛，侧脉 12 ～ 15 对，平行直达叶缘齿尖，两面均不隆起，顶生小叶稍大，具较长小叶柄，侧小叶小叶柄短。总状花序长 9 ～ 20 厘米，腋生，具花 40 ～ 100 朵，排列疏松；苞片线形，长 1.5 ～ 2 毫米；花长 4 ～ 5 毫米；花梗短，长 1 ～ 1.5 毫米；萼钟形，长约 2.5 毫米，微被柔毛，萼齿三角状披针形，短于萼筒；花冠白色，旗瓣椭圆形，稍长于翼瓣，龙骨瓣与冀瓣等长或稍短；子房卵状披针形，上部渐窄至花柱，无毛，胚珠 3 ～ 4 粒。荚果椭圆形至长圆形，长 3 ～ 3.5 毫米，先端锐尖，具尖喙表面脉纹细，网状，棕褐色，老熟后变黑褐色；有种子 1 ～ 2 粒。种子卵形，棕色，表面具细瘤点。花期 5—7 月，果期 7—9 月。

原产地：该种原产于西亚至南欧，现归化于东亚、南美洲、加勒比海地区、北美洲及澳大利亚。我国大部分省份均有分布。

生境：路边、田边、荒地、村旁、沙丘、山坡、草原。

传入扩散：该种作为优质牧草被人们有意引入我国栽培，后因人为活动而扩散到全国各地。其主要传播方式为人为引进后逃逸为野生。目前呼伦贝尔市大部分旗县均有分布。

危害：该种为一般杂草，危害果园及农田，但危害程度较轻。

花和叶

花序 1　　花序 2

植株　　生境

⑮ 车轴草属－红车轴草（*Trifolium pratense* Linnaeus）

别名：红三叶、红三叶草　　　等级：4级—般入侵种

形态特征：红车轴草又称红三叶，为多年生草本。根系粗壮。茎直立或上升，多分枝，高20～50厘米，疏生柔毛或近无毛。掌状复叶，只3枚小叶；托叶近卵形：先端具芒尖，基部抱茎；基生叶柄长达20厘米；小叶柄短，小叶卵形、宽椭圆形或近圆形；稀长椭圆形，长20～50毫米、宽10～30毫米，先端钝圆或微缺、基部渐狭，边缘锯齿状或近全缘，两面被柔毛。花序具多数花，密集成簇或呈头状，腋生或顶生，总花梗超出于叶，长达15厘米，小苞片卵形、先端具芒尖，边缘具纤毛；花无梗或具短梗，花萼钟状、具5齿，其中1齿比其他齿长于近1倍；花冠紫红色，长12～15毫米，旗瓣长菱形，翼瓣矩圆形，短于旗瓣，基部具内弯的耳和丝状的爪，龙骨瓣比翼瓣稍短，子房椭圆形，花柱丝状，细长。荚果小，通常具1粒种子。花期7—8月，果期8—9月。

原产地：该种原产于北非、中亚和欧洲，现归化于美洲、东亚地区。我国大部分省份均有分布。

生境：路边、田边、果园、草甸、山麓附近。

传入扩散：该种作为优质牧草被人们有意引入我国栽培，后因其花色艳丽，又被广泛用于城市及公园绿地的绿化美化。其主要传播方式为人为引进后逃逸为野生。目前呼伦贝尔市扎兰屯、阿荣旗、莫力达瓦达斡尔族自治旗有分布。

危害：红车轴草根系能够分泌化感物质影响其他植物生长，野外逸生后对生物多样性有一定影响，危害程度较为严重。应加强对引种的管理，避免大范围逸生。

叶（有白色“V”形波纹）和花

花序

植株

生境

16 车轴草属－白车轴草（*Trifolium repens* Linnaeus）

别名：白三叶　　　等级：4 级一般入侵种

形态特征：白车轴草又称白三叶，多年生草本植物。根系发达。茎匍匐，随地生根，长 20 ～ 60 厘米，无毛。掌状复叶，具 3 枚小叶；托叶膜质鞘状，卵状披针形，抱茎；叶柄长达 10 厘米；小叶柄极短，小叶倒卵形、倒心形或宽椭圆形，长 10 ～ 25 毫米，宽 8 ～ 18 毫米，先端凹缺，基部楔形，叶脉明显，边缘具细锯齿，两面几无毛。花序具多数花、密集成簇或呈头状，腋生或顶生；总花梗超出于叶，长达 20 余厘米；小苞片卵状披针形，无毛；花梗短；花萼钟状，萼齿披针形，近等长；花冠白色、稀黄白色或淡粉红色；旗瓣椭圆形，长 7 ～ 9 毫米，基部具短爪，顶端圆，翼瓣显著短于旗瓣，比龙骨瓣稍长。子房条形，花柱长而稍弯。荚果倒卵状矩圆形，具 3 ～ 4 粒种子。花期 7—8 月，果期 8—9 月。

原产地：该种原产于北非、中亚和欧洲，现归化于美洲和东亚地区。我国大部分省份有分布。

生境：在酸性土壤中生长，喜阳耐阴，多分布于路边、田边、果园、草甸、山麓附近。

传入扩散：19 世纪作为牧草、观赏植物和蜜源植物被人们有意引入。2004 年被《中国外来入侵物种编目》收录。其主要传播方式为人为引进后逃逸为野生，主要分布在呼伦贝尔市岭南地区。

危害：侵入农田、危害轻微，对局部地区的蔬菜、幼林有危害。因其多年生特性，具有一定的竞争优势，野外逸生后对生物多样性有一定影响，应加强对引种的管理，避免大范围逸生。

叶（有白色斑纹）

花

花序

植株

生境

七、酢浆草科

17 酢浆草属－红花酢浆草（*Oxalis corymbosa* DC.）

别名：大酸味草、铜锤草、紫花酢浆草　　　等级：4 级一般入侵种

形态特征：红花酢浆草为多年生直立草本。无地上茎，地下部分有球状鳞茎，外层鳞片膜质，褐色，背具 3 条肋状纵脉，被长缘毛，内层鳞片呈三角形，无毛。叶基生；叶柄长 5 ～ 30 厘米或更长，被毛；小叶 3，扁圆状倒心形，长 1～4 厘米，宽 1.5～6 厘米，顶端凹入，两侧角圆形，基部宽楔形，表面绿色，被毛或近无毛；背面浅绿色，通常两面或有时仅边缘有干后呈棕黑色的小腺体，背面尤甚并被疏毛；托叶长圆形，顶部狭尖，与叶柄基部合生。总花梗基生，二歧聚伞花序，通常排列成伞形花序式，总花梗长 10 ～ 40 厘米或更长，被毛；花梗、苞片、萼片均被毛；花梗长 5 ～ 25 毫米，每花梗有披针形干膜质苞片 2 枚；萼片 5，披针形，长 4 ～ 7 毫米，先端有暗红色长圆形的小腺体 2 枚，顶部腹面被疏柔毛；花瓣 5，倒心形，长 1.5 ～ 2 厘米，为萼长的 2 ～ 4 倍，淡紫色至紫红色，基部颜色较深；雄蕊 10 枚，长的 5 枚超出花柱，另 5 枚长至子房中部，花丝被长柔毛；子房 5 室，花柱 5，被锈色长柔毛，柱头浅 2 裂。花、果期 3—12 月。

原产地：该种原产于南美洲热带地区。现归化于全球热带及温带地区。我国大部分省份有分布。

生境：喜向阳、温暖、湿润的环境，耐贫瘠、抗旱能力较强，不耐寒。生于低海拔的山地、路旁、荒地或水田中。呼伦贝尔市常见于温室大棚中。

传入扩散：作为牧草观赏植物，人们有意引入，最早记录于我国香港，随后传入我国广东、海南、福建等地。其地下鳞茎及根易随带土和苗木传播，繁殖迅速。主要分布在呼伦贝尔市各旗市区的温室大棚内。

危害：红花酢浆草耐贫瘠、耐干旱，适应性非常广泛，其对农田作物和园林绿化作物的生长均有严重影响。但由于其不耐寒，在呼伦贝尔市无法越冬，因此只能存活于温室中，危害轻微。

叶

花

植株

生境

八、大戟科

⑱ 大戟属 – 斑地锦（*Euphorbia maculata* L.）

别名：紫斑地锦、紫叶地锦　　　　等级：4级一般入侵种

形态特征：斑地锦为一年生草本植物。根纤细，长4～7厘米，直径约2毫米。茎匍匐，长10～17厘米，直径约1毫米，被白色疏柔毛。叶对生，长椭圆形至肾状长圆形，长6～12毫米，宽2～4毫米，先端钝，基部偏斜，不对称，略呈渐圆形，边缘中部以下全缘，中部以上常具细小疏锯齿；叶面绿色，中部常具有一个长圆形的紫色斑点，叶背淡绿色或灰绿色，新鲜时可见紫色斑，干时不清楚，两面无毛；叶柄极短，长约1毫米；托叶钻状，不分裂，边缘具睫毛。花序单生于叶腋，基部具短柄，柄长1～2毫米；总苞狭杯状，高0.7～1.0毫米，直径约0.5毫米，外部具白色疏柔毛，边缘5裂，裂片三角状圆形；腺体4，黄绿色，横椭圆形，边缘具白色附属物。雄花4～5枚，微伸出总苞外；雌花1，子房柄伸出总苞外，且被柔毛；子房被疏柔毛；花柱短，近基部合生；柱头2裂。蒴果三角状卵形，长约2毫米，直径约2毫米，被稀疏柔毛，成熟时易分裂为3个分果爿。种子卵状四棱形，长约1毫米，直径约0.7毫米，灰色或灰棕色，每个棱面具5个横沟，无种阜。花、果期4—9月。

原产地：该种原产于加拿大和美国，现归化于全世界。我国大部分省份均有分布。

生境：平原或低山坡的路旁、湿地、草地、农田、草坪、墙角、砖缝、荒地和公园绿地。

传入扩散：随人类活动无意带入，最早记载于上海和江苏。其种子随农作物引种、草皮销售等人类活动扩散，风力、水流等自然因素也使其种子扩散。目前呼伦贝尔市大部分地区有分布。

危害：斑地锦全株有毒，茎叶断裂后会流出白色乳汁，对人的皮肤、黏膜有强烈刺激作用，可引起红肿、发炎。斑地锦草入侵草坪，可与草坪争水、肥。斑地锦与地锦草相似度较高，主要区别为斑地锦叶片上常见紫斑。

幼株　花序

植株　花

生境

九、凤仙花科

⑲ 凤仙花属－凤仙花（*Impatiens balsamina* L.）

别名：急性子、指甲草　　　等级：5级有待观察种

形态特征：凤仙花为一年生草本，高60～100厘米。茎粗壮，肉质，直立，不分枝或有分枝，无毛或幼时被疏柔毛，基部直径可达8毫米，具多数纤维状根，下部节常膨大。叶互生，最下部叶有时对生；叶片披针形、狭椭圆形或倒披针形，长4～12厘米、宽1.5～3厘米，先端尖或渐尖，基部楔形，边缘有锐锯齿，向基部常有数对无柄的黑色腺体，两面无毛或被疏柔毛，侧脉4～7对；叶柄长1～3厘米，上面有浅沟，两侧具数对具柄的腺体。花单生或2～3朵簇生于叶腋，无总花梗，白色、粉红色或紫色，单瓣或重瓣；花梗长2～2.5厘米，密被柔毛；苞片线形，位于花梗的基部；侧生萼片2，卵形或卵状披针形，长2～3毫米，唇瓣深舟状，长13～19毫米，宽4～8毫米，被柔毛，基部急尖成长1～2.5厘米内弯的距；旗瓣圆形，兜状，先端微凹，背面中肋具狭龙骨状突起，顶端具小尖，翼瓣具短柄，长23～35毫米，2裂，下部裂片小，倒卵状长圆形，上部裂片近圆形，先端2浅裂，外缘近基部具小耳；雄蕊5，花丝线形，花药卵球形，顶端钝；子房纺锤形，密被柔毛。蒴果宽纺锤形，长10～20毫米；两端尖，密被柔毛。种子多数，圆球形，直径1.5～3毫米，黑褐色。花期7—10月。

原产地：该种原产于印度和马来西亚，现归化于中国。中国南北各地均有栽培，为常见的观赏花卉。

生境：凤仙花性喜阳光，怕湿，喜向阳的地势和疏松肥沃的土壤，在较贫瘠的土壤中也可生长。主要生长于田间、路旁、山坡附近。

传入扩散：凤仙花作为观赏花卉及中草药被人类有意引入，早在唐朝，我国就有了凤仙花的记载，随着人类的引种，凤仙花逃逸为野生。其种子通过弹射传播，人畜活动、自然的风力等都可成为其传播的途径。目前呼伦贝

尔市仅扎兰屯市、阿荣旗、莫力达瓦达斡尔族自治旗有分布。

危害：凤仙花植株有毒，容易对接触的人群造成皮肤过敏症状。同时凤仙花含有促癌物质，促癌物质不直接挥发，但会渗入土壤，增加周边作物致癌的风险。

叶　花　蒴果　植株　生境

十、葡萄科

20 地锦属－五叶地锦（*Parthenocissus quinquefolia*）

别名：五叶爬山虎　　　等级：5级有待观察种

形态特征：五叶地锦为多年生藤本植物。小枝圆柱形，无毛。嫩芽为红色或淡红色，卷须总状5～9分枝，相隔2节间断与叶对生，卷须顶端嫩时尖细卷曲，后遇附着物扩大成吸盘。由5片叶片组成掌状复叶，小叶倒卵圆形、倒卵椭圆形或外侧小叶椭圆形，长5.5～15厘米，宽3～9厘米，最宽处在上部或外侧小叶最宽处在近中部，顶端短尾尖，基部楔形或阔楔形，外侧小有粗锯齿，上面绿色，下面浅绿色，两面均无毛或下面脉上微被疏柔毛；侧脉5～7对，网脉两面均不明显突出；叶柄长5～14.5厘米，无毛，小叶有短柄或几无柄。花序假顶生形成主轴明显的圆锥状多歧聚伞花序，长8～20厘米；花序梗长3～5厘米，无毛；花梗长1.5～2.5毫米，无毛；花蕾椭圆形，高2～3毫米，顶端圆形；萼碟形，边缘全缘，无毛；花瓣5，长椭圆形，高1.7～2.7毫米，无毛；雄蕊5，花丝长0.6～0.8毫米，花药长椭圆形，长1.2～1.8毫米；花盘不明显；子房卵锥形，渐狭至花柱，或后期花柱基部略微缩小，柱头不扩大。果实球形，直径1～1.2厘米，有种子1～4颗；种子倒卵形，顶端圆形，基部急尖成短喙，种脐在种子背面中部呈近圆形，腹部中棱脊突出，两侧洼穴呈沟状，从种子基部斜向上达种子顶端。花期6—7月，果期8—10月。

原产地：该种原产于北美洲东部，现主要分布于北美洲及欧洲地区。我国多数省份有分布。

生境：喜欢光和湿润肥沃的土壤环境，多见于山坡、路旁、庭院附近。

传入扩散：该种作为园林绿化品种，于20世纪50年代引入我国东北地区，1955年出版的《东北木本植物图志》对该种予以收录。作为优良的城市垂直绿化树种，五叶地锦随人工引种而扩散。目前呼伦贝尔市扎兰屯市、阿荣旗、莫力达瓦达斡尔族自治旗有分布。

危害：五叶地锦已经具有入侵的表现性，被五叶地锦攀附的树木枝条会大量死亡，影响被攀附植物的生长，应注意控制引种的范围和区域。呼伦贝尔市常见于及庭院小区内，野外非常少见。

叶　花序

花

果实　生境

十一、锦葵科

21 苘麻属 – 苘麻（*Abutilon theophrasti* Medikus）

别名：青麻、白麻、桐麻　　　等级：3 级局部入侵种

形态特征：苘麻为一年生亚灌木状草本植物，高 1 ～ 2 米。茎直立。圆柱形，上部常分枝，密被柔毛及星状毛，下部毛较稀疏。叶圆心形，长 8 ～ 17 厘米，先端长渐尖，基部心形。边缘具细圆锯齿，两面密被星状柔毛，叶柄长 4 ～ 15 厘米，被星状柔毛。花单生于茎上部叶腋；花梗长 1 ～ 3 厘米，近顶端有节；萼杯状，裂片 5，卵形或椭圆形，顶端急尖，长约 6 毫米，花冠黄色，花瓣倒卵形，顶端微缺，长约 1 厘米；雄蕊筒短，平滑无毛；心皮 15 ～ 20，长 1 ～ 1.5 厘米，排列成轮状，形成半球形果实，密被星状毛及粗毛，顶端变狭为芒尖。分果瓣 15 ～ 20，成熟后变黑褐色，有粗毛，顶端有 2 长芒，种子肾形，褐色。花、果期 7—9 月。

原产地：苘麻原产于印度，现栽培于亚洲、非洲、欧洲、大洋洲、北美洲等地区并逸生。我国大部分省区均有分布。

生境：喜欢光和湿润肥沃的土壤环境，多见于山坡、路旁、荒地附近。

传入扩散：苘麻为人们有意引入，早期用于制作麻类织物，最早记载见于《诗经》《周礼》，距今已有 2600 余年。当时被人们利用，作为衣着原料，但由于纤维品质不及苎麻和大麻，后逐渐变为制造绳索和包装用品的原料。早期由人工引种，现已经自然扩散。目前主要分布在呼伦贝尔市扎兰屯市、阿荣旗、莫力达瓦达斡尔族自治旗。

危害：苘麻是我国多种农作物田间的主要恶性杂草之一，其生长旺盛，枝叶繁茂，在与作物共生时会截获大部分光照，从而抑制作物对水分和养料的转化，造成产量损失，除此之外，苘麻具有结实量大，种子活力高的特点，这使其易形成难以彻底清除的土壤种子库，从而产生持续性的危害。

叶和蒴果

花

成熟的蒴果

植株 1

植株 2

生境

22 木槿属 – 野西瓜苗（*Hibiscus trionum* Linnaeus）

别名：香玲草、灯笼花　　　等级：4 级一般入侵种

形态特征：野西瓜苗为一年生直立或平卧草本植物，高 25 ～ 70 厘米，茎柔软，被白色星状粗毛。叶二型，下部的叶圆形，不分裂，上部的叶掌状 3 ～ 5 深裂，直径 3 ～ 6 厘米，中裂片较长，两侧裂片较短，裂片倒卵形至长圆形，通常羽状全裂，上面疏被粗硬毛或无毛，下面疏被星状粗刺毛；叶柄长 2 ～ 4 厘米，被星状粗硬毛和星状柔毛；托叶线形，长约 7 毫米，被星状粗硬毛。花单生于叶腋，花梗长约 2.5 厘米，果实长达 4 厘米，被星状粗硬毛；小苞片 12，线形，长约 8 毫米，被粗长硬毛，基部合生；花萼钟形，淡绿色，长 1.5～2 厘米，被粗长硬毛或星状粗长硬毛，裂片 5，膜质，三角形，具纵向紫色条纹，中部以上合生；花淡黄色，内面基部紫色，直径 2 ～ 3 厘米，花瓣 5，倒卵形，长约 2 厘米，外面疏被极细柔毛；雄蕊柱长约 5 毫米，花丝纤细，长约 3 毫米，花药黄色；花柱枝 5，无毛。蒴果长圆状球形，直径约 1 厘米，被粗硬毛，果爿 5，果皮薄，黑色；种子肾形，黑色，具腺状突起。花期 6—9 月，果期 7—10 月。

原产地：野西瓜苗原产于非洲，现归化于泛热带地区。我国大部分地区都有分布。

生境：生长于平原、山野、丘陵或田埂，是常见的田间杂草。

传入扩散：该种于 14 世纪初期被人们无意引入，15 世纪首次收录于朱橚的《救荒本草》，其随农作物引种、交通等人类活动传播扩散。主要分布在呼伦贝尔市扎兰屯市、阿荣旗、莫力达瓦达斡尔族自治旗。

危害：野西瓜苗为农田常见杂草，常与作物竞争水源和养分，导致作物减产。

叶

花

果实

植株

生境

十二、葫芦科

㉓ 刺囊瓜属 – 刺囊瓜［*Echinocystis lobata* (Michx.) Torr. & Gray］

别名：刺瓜　　　等级：5 级有待观察种

形态特征：刺囊瓜为一年生攀缘草本植物，茎细，长 5 ～ 6 米，具棱和槽。卷须 2 ～ 5 分叉。叶薄纸质，近圆形或宽卵形，长 5 ～ 10 厘米，宽近相等，掌状 3 ～ 7 深裂或浅裂，中裂片较长裂片三角形至披针形，顶端急尖、渐尖或短尾尖，基部心形或呈半圆形弯缺，两面被粗糙的小犹点，边缘具少数浅齿。花单性，雌雄同株，异序；雄花序呈窄圆锥形，长可达 30 厘米，具花 50 ～ 200，无片，总花梗无毛或疏被短毛。雄花萼筒宽钟状，具钻状或丝状萼齿 6 枚，花冠辐状，直径 1 ～ 1.5 厘米；6 深裂，裂片长圆形或线形，膜质，白色，具明显的脉纹，疏被腺状柔毛；雄蕊 3 枚，着生于花冠基部，花丝贴合呈柱状，花药贴合；花柄细，长 3 ～ 4 毫米。雌花单生，极稀成对，或与雄花序同生于叶腋，花萼与花冠同雄花，子房卵球形，具皮刺，花柱短，柱头半球形，浅裂。果卵球形，长 4 ～ 5 厘米，浅绿色至蓝绿色，囊状，表面密生长皮刺，熟时干燥，自顶端不规则开裂，内含种子 1 ～ 4 颗。种子椭圆形或倒卵形，长 12 ～ 20 毫米，黑褐色。花期 7—9 月，8 月开始结果。

原产地：刺囊瓜原产于北美洲东部，后传入欧洲和俄罗斯远东地区，我国最早记载于黑龙江漠河，现东北地区有分布。

生境：生长于河岸边、路旁、灌木丛、庭院以及其他易受干扰的区域。

传入扩散：该种早期被引入欧洲和俄罗斯远东地区，然后从俄罗斯远东地区引种栽培后逸为野生，2001 年首次在黑龙江漠河乌苏里发现。刺囊瓜为种子繁殖，种子成活率高，适应力较强，瓜种仁可以食用，传入多为引种栽培，之后野外逸生，目前呼伦贝尔市牙克石市、扎兰屯市有分布。

危害：危害城市绿篱和农作物，可攀缘各种灌木、乔木。若任其蔓延生长，会将本地草木、灌木丛整个覆盖住，导致草本和灌木全部枯死。

蔓藤和果实

叶和花

花序和果实

部分植株

生境

大片生长的刺囊瓜

十三、柳叶菜科

24 月见草属 – 月见草（*Oenothera biennis* L.）

别名：夜来香　　　**等级：**2 级严重入侵种

形态特征：月见草为直立二年生草本植物，茎粗壮，高 50 ～ 200 厘米，被曲柔毛与伸展长毛（毛的基部疱状），在茎枝上端常混生有腺毛。基生莲座叶丛紧贴地面；基生叶倒披针形，长 10 ～ 25 厘米，宽 2 ～ 4.5 厘米，先端锐尖，基部楔形，边缘疏生不整齐的浅钝齿，侧脉每侧 12 ～ 15 条，两面被曲柔毛与长毛；叶柄长 1.5 ～ 3 厘米。茎生叶椭圆形至倒披针形，长 7 ～ 20 厘米，宽 1 ～ 5 厘米，先端锐尖至短渐尖，基部楔形，边缘每边有 5 ～ 19 枚稀疏钝齿，侧脉每侧 6 ～ 12 条，每边两面被曲柔毛与长毛，尤茎上部的叶下面与叶缘常混生有腺毛；叶柄长 10 ～ 15 毫米。花序穗状，不分枝，或在主序下面具次级侧生花序；苞片叶状，芽时长及花的 1/2，长大后椭圆状披针形，自下向上由大变小，近无柄，长 1.5 ～ 9 厘米，宽 0.5 ～ 2 厘米，果时宿存，花蕾锥状长圆形，长 1.5 ～ 2 厘米，粗 4 ～ 5 毫米，顶端具长约 3 毫米的喙；花管长 2.5 ～ 3.5 厘米，径 1 ～ 1.2 毫米，黄绿色或开花时带红色，被混生的柔毛、伸展的长毛与短腺毛；花后脱落；萼片绿色，有时带红色，长圆状披针形，长 1.8 ～ 2.2 厘米，下部宽大处 4 ～ 5 毫米，先端骤缩成尾状，长 3 ～ 4 毫米，在芽时直立，彼此靠合，开放时自基部反折，但又在中部上翻，毛被同花管；花瓣黄色，稀淡黄色，宽倒卵形，长 2.5 ～ 3 厘米，宽 2 ～ 2.8 厘米，先端微凹缺；花丝近等长，长 10 ～ 18 毫米；花药长 8 ～ 10 毫米，花粉约 50% 发育；子房绿色，圆柱状，具 4 棱，长 1 ～ 1.2 厘米，粗 1.5 ～ 2.5 毫米，密被伸展长毛与短腺毛，有时混生曲柔毛；花柱长 3.5 ～ 5 厘米，伸出花管部分长 0.7 ～ 1.5 厘米；柱头围以花药。开花时花粉直接授在柱头裂片上，裂片长 3 ～ 5 毫米。蒴果锥状圆柱形，向上变狭，长 2 ～ 3.5 厘米，径 4 ～ 5 毫米，直立。绿色，毛被同子房，但渐变稀疏，具明显的棱。种子在果中呈水平状排列，暗褐色，菱形，长 1 ～ 1.5 毫米，径 0.5 ～ 1 毫米，具棱角，各面具不整齐洼点。

原产地： 原产于北美洲东部，现广泛分布于温带和亚热带地区。现我国大部分地区有分布。

生境： 喜光，常生长于向阳山坡，荒草地、次生林边缘、路旁、河岸及房前屋后的间隙空地。

传入扩散： 该种花色艳丽，早期被作为观赏植物，人为引入。17 世纪经欧洲传入我国东北，后引种到全国其他地区。2004 年作为入侵植物被收录于《中国外来入侵物种编目》，该种传播方式为随人工引种逸为野生。目前分布在呼伦贝尔市岭南地区。

危害： 月见草化感作用强，会排挤其他植物的生长，从而形成密集型的单优势群落，威胁当地生物的多样性。

幼株　　花　　茎叶花

植株　　生境

十四、旋花科

25 菟丝子属 – 原野菟丝子（*Cuscuta campestris* Yunck.）

别名：田野菟丝子、野地菟丝子　　　等级：4 级一般入侵种

形态特征：原野菟丝子为一年生寄生草本，茎缠绕，表面光滑，初为黄绿色，后转黄色至橙色，直径 0.5 ～ 0.8 毫米；与寄主茎接触膨大部分的直径可达 1 毫米或更粗，表面密生小瘤状突起，粗糙，吸器棒状，由数列纵向细胞组成，顶端细胞膨大，无叶。花序侧生，每一花序有花 4 ～ 18 朵（多数为 6 ～ 13 朵），密集成球形花簇，近无总花序硬；支花序梗长约 2 毫米，花梗粗壮，长约 1 毫米，苞片小，鳞片状，无小苞片，花萼杯状，长约 1.5 毫米，近基部开裂，裂片 5，顶端宽圆，花冠白色，短钟状，长约 2.5 毫米，通常 5 裂，有时 4 裂，裂片宽三角形，长约1毫米，顶端尖或稍钝，向外反折，雄蕊着生于花冠裂片弯缺处下方，与花冠裂片等长，有时稍短或略长，花药卵圆形，花丝比花药长，鳞片很大，约与花冠管等长或更长，边缘具长毛，子房扁球形，花柱 2，柱头球形，蒴果扁球形，直径约 3 毫米，高约 2 毫米，下半部为宿存花冠包围，成熟时不规则开裂，种子 1 ～ 4，通常为 3 ～ 4，褐色，卵形，花期和果期很长，从 9 月至翌年 1 月可陆续开花、结果。

原产地：原产于北美洲，现广泛分布于温带和亚热带地区。现我国部分地区有分布。

生境：常见于田间、路旁，可在多种植物上寄生。

传入扩散：该种为人们无意引入，最早记载于福建省，2005 年作为入侵植物记载，2014 年在内蒙古发现入侵。其可借助水流、鸟兽广泛传播，也可通过人为活动中远距离传播和扩散。目前仅在莫力达瓦达斡尔族自治旗发现有分布。

危害：寄生在多种植物上，吸收寄主的养料水分，使寄主生长不良，降低产量与品质，甚至死亡。可严重影响作物的产量。此外，原野菟丝子作为病虫害的中间寄主，助长了病虫害的发生。

花 1

花 2

花序

植株

生境

26 番薯属 – 牵牛［*Ipomoea nil* (L.) Roth］

别名：喇叭花、牵牛花　　　等级：2 级严重入侵种

形态特征：牵牛为一年生缠绕草本植物，茎上被倒向的短柔毛及杂有倒向或开展的长硬毛。叶宽卵形或近圆形，深或浅的 3 裂，偶 5 裂，长 4 ～ 15 厘米，宽 4.5 ～ 14 厘米，基部圆，心形，中裂片长圆形或卵圆形，渐尖或骤尖，侧裂片较短，三角形，裂口锐或圆，叶面或疏或密被微硬的柔毛；叶柄长 2 ～ 15 厘米，毛被同茎。花腋生，单一或通常 2 朵着生于花序梗顶，花序梗长短不一，长 1.5 ～ 18.5 厘米，通常短于叶柄，有时较长，毛被同茎；苞片线形或叶状，被开展的微硬毛；花梗长 2 ～ 7 毫米；小苞片线形；萼片近等长，长 2 ～ 2.5 厘米，披针状线形，内面 2 片稍狭，外面被开展的刚毛，基部更密，有时也杂有短柔毛；花冠漏斗状，长 5 ～ 8 厘米，蓝紫色或紫红色，花冠管色淡；雄蕊及花柱内藏；雄蕊不等长；花丝基部被柔毛；子房无毛，柱头头状。蒴果近球形，直径 0.8 ～ 1.3 厘米，3 瓣裂。种子卵状三棱形，长约 6 毫米，黑褐色或米黄色，被褐色短绒毛。花期 6—9 月，果期 9—10 月。

原产地：牵牛原产于美洲，现已广泛分布于热带和亚热带地区。中国大部分地区都有分布。

生境：常见于田间、路旁，河谷、宅园、果园、苗圃或栽培。

传入扩散：该种作为观赏植物，早在明代被引种的沿海地区种植。1591 年的《草花谱》中记载江浙一带将其作为花卉栽培，1995 年被列为外来杂草，2012 年作为入侵植物收录于《生物入侵：中国外来入侵植物图鉴》。在呼伦贝尔市主要作为庭院绿化植物，野外并不多见。

危害：为城市常见杂草，对灌木、草坪具有一定的危害。

花

花和花萼（披针形）

部分植株

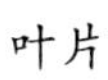

叶片

生境

27 番薯属－圆叶牵牛［*Ipomoea purpurea* (L.) Roth］

别名：牵牛花、喇叭花、打碗花　　　　等级：1 级恶性入侵种

形态特征：圆叶牵牛为一年生缠绕草本植物，叶片圆心形或宽卵状心形，基部圆，心形，顶端锐尖、骤尖或渐尖，两面疏或密被刚伏毛；花腋生，单一或 2 ～ 5 朵着生于花序梗顶端成伞形聚伞花序，花序梗比叶柄短或近等长，长 4 ～ 12 厘米，毛被与茎相同；苞片线形，长 6 ～ 7 毫米，被开展的长硬毛；花梗长 1.2 ～ 1.5 厘米，被倒向短柔毛及长硬毛；萼片近等长，长 1.1 ～ 1.6 厘米，外面 3 片长椭圆形，渐尖，内面 2 片线状披针形，外面均被开展的硬毛，基部更密；蒴果近球形，直径 9 ～ 10 毫米，3 瓣裂，种子卵状三棱形，长约 5 毫米，黑褐色或米黄色，被极短的糠秕状毛。5—10 月开花，8—11 月结果。圆叶牵牛与牵牛为近缘种，相似较高，特别是花朵特征基本一致，主要区别在于叶片和花朵萼片上，牵牛叶片有分裂，圆叶牵牛的叶片是圆心形，牵牛的萼片为披针形，圆叶牵牛萼片较短，呈三角形。

原产地：原产于美洲，现于世界各地广泛栽培和归化。我国各省均有分布。

生境：适应性极强，常见于田间、路旁、河谷、宅园和林内。

传入扩散：该种为栽培植物，被有意引入，最早记录于 1978 年出版的《中国植物志》，1995 年被列为外来杂草，2002 年收录于《中国外来入侵物种》，呼伦贝尔市各旗市区均有分布。

危害：圆叶牵牛能够迅速蔓延，侵占其他植物的生存空间，争夺土壤中的养分和水分，影响其他植物的正常生长，降低农作物的产量和品质。圆叶牵牛 2014 年被列入《中国外来入侵物种名单（第三批）》。

叶

花

花和花萼（三角形）

植株

生境

十五、茄科

28 假酸浆属 – 假酸浆［*Nicandra physalodes* (L.) Gaertner］

别名：冰粉、大千生、蓝花天仙子　　　等级：3 级局部入侵种

形态特征：假酸浆为一年生直立草本植物，多分枝。叶互生，具叶柄，茎直立，有棱条，无毛，高 0.4 ～ 1.5 米，上部交互不等的二歧分枝。叶卵形或椭圆形，草质，长 4 ～ 12 厘米，宽 2 ～ 8 厘米，顶端急尖或短渐尖，基部楔形，边缘有具圆缺的粗齿或浅裂，两面有稀疏毛；叶柄长为叶片长的 1/4 ～ 1/3。花单生于枝腋而与叶对生，通常具较叶柄长的花梗，俯垂；花萼 5 深裂，裂片顶端尖锐，基部心脏状箭形，有 2 尖锐的耳片，果时包围果实，直径 2.5 ～ 4 厘米；花冠钟状，浅蓝色，直径达 4 厘米，檐部有折襞，5 浅裂。浆果球状，直径 1.5 ～ 2 厘米，黄色。种子淡褐色，直径约 1 毫米。花、果期夏秋季。

原产地：原产于秘鲁，现广泛分布于全世界。我国大部分省均有分布。

生境：田埂、农田、荒地、沟渠边、道路边、村落旁。

传入扩散：作为食用、药用作物，有意引入，最早于 1937 年记录于《中国植物图鉴》，2010 年首次作为入侵植物被报道，2011 年收录于《中国外来入侵生物》，2012 年又被收录于《生物入侵：中国外来入侵植物图鉴》。作为栽培植物，其随着栽培范围的扩大而逸生，其种子随货物和交通工具携带而传播。目前，仅在扎兰屯市发现。

危害：假酸浆后期生长迅速，野外逸生可成片生长，排挤当地植物，对生物多样性有一定影响，需要加强引种监管。

花

果实

成熟的果实

植株

生境

29 曼陀罗属 – 曼陀罗（*Datura stramonium* L.）

别名：欧曼陀罗　　　等级：2 级严重入侵种

形态特征：曼陀罗为一年生草本植物，有特殊的刺激性气味，高 0.5 ～ 1.5 米，最高可达 2 米。茎粗壮，圆柱形，淡绿色或带紫色，平滑，上部呈二歧分枝，下部木质化。单叶互生，宽卵形，长 8 ～ 12 厘米，宽 4 ～ 10 厘米，先端渐尖，基部不对称楔形，边缘有不规则波状浅裂，裂片先端短尖，有时再呈不相等的疏齿状浅裂，两面脉上及边缘均有疏生短柔毛；叶柄长 3 ～ 5 厘米。花单生于茎枝分叉处或叶腋，直立；花萼筒状，有 5 棱角，长 4 ～ 5 厘米；花冠漏斗状，长 6 ～ 10 厘米，直径 4 ～ 5 厘米，花冠管具 5 棱，下部淡绿色，上部白色或紫色，5 裂，裂片先端具短尖头；雄蕊不伸出花冠管外，花丝呈丝状，下部贴生花冠管上，雌蕊与雄蕊等长或稍长，子房卵形，不完全 4 室，花柱丝状，长约 6 厘米，柱头头状而扁。蒴果直立，卵形，长 3 ～ 4.5 厘米，直径 2.5 ～ 4.5 厘米，表面具有不等长的坚硬针刺，通常上部者较长，或有时仅粗糙而无针刺，成熟时自顶端向下作规则的 4 瓣裂，基部具五角形膨大的宿存萼，向下反卷；种子近卵圆形而稍扁。花期 7—9 月，果期 8—10 月。

原产地：曼陀罗原产于墨西哥，广布于世界各大洲温带和热带地区，我国大部分省均有分布。

生境：路边、宅旁等土壤肥沃、疏松处。

传入扩散：曼陀罗作为药用植物，于明末被引进我国，1578 年《本草纲目》已有记载，2002 年收录于《中国外来入侵物种》。曼陀罗随栽培逸生，种子随货物和交通工具携带传播。目前主要分布在扎兰屯市、阿荣旗、莫力达瓦达斡尔族自治旗，海拉尔区偶有零星分布。

危害：曼陀罗植株高大，繁殖能力强，单株最多可产生 3 万粒种子，竞争优势明显，排挤本土植物，影响入侵地生物多样性，同时因其全株有毒，牲畜误食可造成中毒甚至死亡。

花

叶片

果实（有规则的四瓣条纹）

成熟开裂的果实

植株

生境

30 酸浆属 – 灰绿酸浆［*Physalis grisea* (Waterfall) M.Martinez］

别名：灰绿毛酸浆　　　等级：5 级有待观察种

形态特征：灰绿酸浆为一年生草本植物，高 30 ～ 60 厘米。茎粗壮，有明显的紫色条棱，被 0.5 ～ 1 毫米长的柔毛。叶宽卵形，长 3 ～ 11 厘米，灰绿色，干后呈橙色或具橙色斑点，被短的、简单的柔毛以及短的无柄腺毛。叶顶端渐尖，边缘具粗锯齿，基部阔圆形至心形。花单生于叶腋，花萼长 3 ～ 5 毫米，被短柔毛；花梗长 4 ～ 6 毫米；花冠黄色，喉部具 5 个大的深紫色的斑纹；花药蓝色。果萼明细 5 棱，基本深陷，直径 1.5 ～ 2.5 厘米。花、果期 6—10 月。

原产地：原产于北美洲，现于印度、日本及欧洲等国家和地区分布或归化分布。我国大部分省均有分布。

生境：路边、村旁等。

传入扩散：灰绿酸浆作为食用植物被引入我国东北地区栽培，因人类和动物食用果实而传播。目前在莫力达瓦达斡尔族自治旗、阿荣旗有分布。

危害：多为路边逸生，危害较轻。

叶

茎（有明显细紫色条纹）

花　果实

植株　生境

31 酸浆属 – 苦蘵（*Physalis angulata* L.）

别名：灯笼泡、灯笼草　　　等级：4 级一般入侵种

形态特征：苦蘵为一年生草本植物，高 10 ～ 50 厘米。茎多分枝，具棱角，分枝纤细，被短柔毛或后来近无毛。叶卵形至卵状椭圆形，长 3 ～ 6 厘米，宽 2 ～ 4 厘米，顶端渐尖或急尖，基部阔楔形或楔形，稍偏斜，全缘至有不规则的牙齿或粗齿，近无毛或有疏柔毛；叶柄长 1 ～ 5 厘米。花单生，花梗长 0.5 ～ 1.2 厘米，纤细，被柔毛。花萼被柔毛而以脉上较密，长 4 ～ 5 毫米,5 中裂，裂片长三角形或披针形，边缘密生睫毛；花冠淡黄色，阔钟状，长 4 ～ 6 毫米，直径 6 ～ 8 毫米，不明显 5 浅裂或者仅有 5 棱角，边缘具睫毛，喉部有紫色斑纹或无斑纹。花药长 1 ～ 2 毫米，淡黄色或带紫色。果萼卵球状或近球状，直径 1.5 ～ 2.5 厘米，有明显网脉和 10 条纵肋，薄纸质，被疏柔毛，淡黄色；浆果球状，直径约 1 厘米。种子扁平，圆盘形，直径约 2 毫米。花、果期 5—12 月。

原产地：原产于南美洲，现于全世界广泛分布。我国大部分省均有分布。

生境：常生于山坡林下或田边路旁的土壤肥沃、疏松处。

传入扩散：苦蘵混在粮食中而被无意引入，1578 年的《本草纲目》已有记载。1896 年在我国台湾归化。2010 年《中国外来杂草原色图鉴》将其列为中国入侵生物。其主要通过种子、货物和交通工具携带而进行传播。主要分布在呼伦贝尔市岭南酸浆种植地区。

危害：苦蘵在新的入侵地有一定的竞争优势，可成为主要杂草，危害棉花、玉米、大豆等农作物。

幼株　花

果实（10 棱）　生境

32 茄属－黄花刺茄（*Solanum rostratum* Dunal）

别名：刺萼龙葵、刺茄　　　等级：1级恶意入侵种

形态特征：黄花刺茄为一年生草本植物。直根系，主根发达，侧根较少，多须根。茎直立，基部稍木质化，自中下部多分枝，密被长短不等带黄色的刺，刺长0.5～0.8厘米，并有带柄的星状毛。株型类似灌木。高15～70厘米。叶互生，叶柄长0.5～5厘米，密被刺及星状毛；叶片卵形或椭圆形，长8～18厘米。宽4～9厘米，不规则羽状深裂及部分裂片又羽状半裂，裂片椭圆形或近圆形。先端钝，表面疏被5～7分叉星状毛、背面密被5～9分叉星状毛，两面脉上疏具刺。刺长3～5毫米。蝎尾状聚伞花序腋外生，3～10花。花期花轴伸长变成总状花序，长3～6厘米。果期长达16厘米；花横向，在萼筒钟状，长7～8毫米，宽3～4毫米，密被刺及星状毛，萼片5，线状披针形，长约3毫米，密被星状毛；花冠黄色，辐状，径2～3.5厘米，5裂，瓣间膜伸展，花瓣外面密被星状毛；雄蕊5，花药黄色，异型，下面1枚最长，长9～10毫米，后期常带紫色，内弯曲成弓形，其余4枚长6～7毫米。浆果球形，成熟时黄褐色。直径1～1.2厘米，完全被增大的带刺及星状毛硬萼包被，萼裂片直立靠拢成鸟喙状，果皮薄，与萼合生，萼自顶端开裂后种子散出。种子多数，黑色，直径2.5～3毫米，具网状凹。花、果期6—9月。

原产地：原产于墨西哥及美国西部，目前除佛罗里达州外遍布美国境内，并入侵加拿大、俄罗斯、澳大利亚、韩国等多个国家。我国主要分布在东北、华北、新疆、台湾、香港地区。

生境：主要生长在开阔的、受干扰的生境，如荒地、河岸、路边、垃圾场及过度放牧的草地等，极耐干旱。

传入扩散：黄花刺茄随进出口贸易无意传入我国，我国最早发现于辽宁省，首次记载于1992年出版的《辽宁植物志》，随后逐渐入侵吉林、河北、山西、北京、新疆、黑龙江等地。内蒙古首次发现是2009年在兴安盟的科尔沁右翼前旗，随后逐步扩散入侵至通辽市、赤峰市、呼和浩特市、包头市、巴彦淖尔市、锡林郭勒盟、鄂尔多斯市等地。黄花刺茄的种子可通过风、水流等自然传播，也可通过刺萼扎入动物毛皮及人的衣服等方式进行传播，具有很强的扩散能力。2022年呼伦贝尔市林业部门在鄂温克旗红花尔基发现黄花刺茄，经人工灭除后，

2023年未发现存活植株，但由于毗邻呼伦贝尔市的兴安盟、齐齐哈尔等地均有黄花刺茄的发生报道，呼伦贝尔市存在极大的入侵风险，需要重点关注。

危害：黄花刺茄是一种有毒的植物，所产生的茄碱是一种神经毒素，毒性高，一旦被牲畜误食后可导致中毒甚至死亡；其竞争性强，蔓延速度快，使入侵地的生物多样性大大降低，生态平衡遭到破坏，入侵农田及草场，则会严重影响农作物及牧草的产量和质量；由于其全株有刺，可扎进牲畜的皮毛，从而降低牲畜皮毛的价值。此外，黄花刺茄还是中国一类检疫对象马铃薯甲虫和马铃薯金线虫的重要寄主，其传播和扩散会对马铃薯甲虫的防治工作带来新的影响。2017年被列入《中国自然生态系统外来入侵物种名单（第四批）》，2023年1月被列入我国《重点管理外来入侵物种名录》。

幼株　　花

茎上的尖刺　　刺果

植株　　生境

十六、菊科

㉝ 还阳参属－屋根草（*Crepis tectorum* L.）

别名：还阳参　　　等级：4级一般入侵种

形态特征：屋根草为一年生或二年生草本植物，根长倒圆锥状，生多数须根。茎直立，高30～90厘米，基部直径2～5毫米，自基部或自中部伞房花序状或伞房圆锥花序状分枝，分枝多数，斜升，极少自上部少分枝，全部茎枝被白色的蛛丝状短柔毛，上部粗糙，被稀疏的头状具柄的短腺毛或被淡白色的小刺毛。基生叶及下部茎叶全形披针状线形、披针形或倒披针形，包括叶柄长5～10厘米，宽0.5～1厘米，顶端急尖，基部楔形渐窄成短翼柄，边缘有稀疏的锯齿或凹缺状锯齿至羽状全裂，羽片披针形或线形；中部茎叶与基生叶及下部茎叶同形或线形，等样分裂或不裂，但无柄，基部尖耳状或圆耳状抱茎；上部茎叶线状披针形或线形，无柄，基部亦不抱茎，边缘全缘；全部叶两面被稀疏的小刺毛及头状具柄的腺毛。头状花序多数或少数，在茎枝顶端排成伞房花序或伞房圆锥花序。总苞钟状，长7.5～8.5毫米；总苞片3～4层，外层及最外层短，不等长，线形，长2毫米，宽不足0.2毫米，顶端急尖，内层及最内层长，等长，长7.5～8.5毫米，长椭圆状披针形，顶端渐尖，边缘白色膜质，内面被贴伏的短糙毛；全部总苞片外面被稀疏的蛛丝状毛及头状具柄的长或短腺毛。舌状小花黄色，花冠管外面被白色短柔毛。瘦果纺锤形，长3毫米，向顶端渐狭，顶端无喙，有10条等粗的纵肋，沿肋有指上的小刺毛。冠毛白色，长4毫米。花、果期7—10月。

原产地：原产于欧洲、蒙古国、俄罗斯（西伯利亚、远东地区）、哈萨克斯坦等国家和地区。我国东北、华北、新疆均有分布。

生境：生于山地林缘、河谷草地、田间或撂荒地、村旁、路边。

传入扩散：该种为人们无意引入，最早记载于我国东北地区，1959年收录于《东北植物检索表》，称“还阳参”。《内蒙古植物志》（第2版，1993）

改称屋根草。其种子可通过风力等自然因素传播，人为活动也可助其种子传播。目前，全市均有分布。

危害：种子产量高，寿命长，耐土壤贫瘠、抗逆性强，容易形成优势群落，需要加强监控管理。

幼株

花序

花

植株 1

植株 2

生境

34 莴苣属－野莴苣（*Lactuca serriola* L.）

别名：毒莴苣、刺莴苣、欧洲山莴苣　　　等级：2 级严重入侵种

形态特征：野莴苣为一年生草本植物，高 50 ～ 80 厘米。茎单生，直立，无毛或有时有白色茎刺，上部圆锥状花序分枝或自基部分枝。中下部茎叶倒披针或长椭圆形，长 3 ～ 7.5 厘米，宽 1 ～ 4.5 厘米，倒向羽状或羽状浅裂、半裂或深裂，有时茎叶不裂，宽线形，无柄，基部箭头状抱茎，顶裂片与侧裂大等大，三角状卵形或菱形，或侧裂片集中在叶的下部或基部而顶裂片较长，宽线形，侧裂片 3 ～ 6 对，镰刀形、三角状镰刀形或卵状镰刀形，最下部茎叶及接圆锥花序下部的叶与中下部茎叶同形或披针形、线状披针形或线形，全部叶或裂片边缘有细齿或刺齿或细刺或全缘，下面沿中脉有刺毛，刺毛黄色。头状花序多数，在茎枝顶端排成圆锥状花序。总苞果期卵球形，长 1.2 厘米，宽约 6 毫米；总苞片约 5 层，外层及最外层小，长 1 ～ 2 毫米，宽 1 毫米或不足 1 毫米，中内层披针形，长 7 ～ 12 毫米，宽至 2 毫米，全部总苞片顶端急尖，外面无毛。舌状小花 15 ～ 25 枚，黄色。瘦果倒披针形，长 3.5 毫米，宽 1.3 毫米，压扁，浅褐色，上部有稀疏的上指的短糙毛，每面有 8 ～ 10 条高起的细肋，顶端急尖成细丝状的喙，喙长 5 毫米。冠毛白色，微锯齿状，长 6 毫米。花、果期 6—8 月。

原产地：原产于地中海地区，在各大洲广泛分布。我国大部分省份都有分布。

生境：生于荒地、路旁、草地、村庄，海拔 500 ～ 2000 米。

传入扩散：该种随作物种子携带而无意被引入。最早于 1921 年记录于《江苏植物名录》，在 1937 年的《中国植物图鉴》中被称为野莴苣。其种子可借助风力传播。目前，全市均有分布。

危害：其全株有毒，混杂于蔬菜中极易引起人畜中毒，同时其繁殖力很强，一旦侵入农业生态系统中，可危害牧场、果园以及耕地上的栽培植物，抢食农作物养分，降低农作物的产量和质量，对农业生产和经济发展产生不良影响，2023 年 1 月被列入《重点管理外来入侵物种名录》。

幼株

茎和叶（叶脉背面有硬刺）

花序

植株

生境

35 苦苣菜属－续断菊［*Sonchus asper* (Linnaeus) Hill］

别名：花叶滇苦菜　　　等级：4 级一般入侵种

形态特征：续断菊为一年生草本植物。根倒圆锥状，褐色，垂直直伸。茎单生或少数茎成簇生。茎直立，高 20 ～ 50 厘米，有纵纹或纵棱，上部长或短总状或伞房状花序分枝，或花序分枝极短缩，全部茎枝光滑无毛或上部及花梗被头状具柄的腺毛。基生叶与茎生叶同型，但较小；中下部茎叶长椭圆形、倒卵形、匙状或匙状椭圆形，包括渐狭的翼柄长 7～13 厘米，宽 2～5 厘米，顶端渐尖、急尖或钝，基部渐狭成短或较长的翼柄，柄基耳状抱茎或基部无柄，耳状抱茎；上部茎叶披针形，不裂，基部扩大，圆耳状抱茎。或下部叶或全部茎叶羽状浅裂、半裂或深裂，侧裂片 4 ～ 5 对椭圆形、三角形、宽镰刀形或半圆形。全部叶及裂片与抱茎的圆耳边缘有尖齿刺，两面光滑无毛，质地薄。头状花序少数（5 个）或较多（10 个）在茎枝顶端排稠密的伞房花序。总苞宽钟状，长约 1.5 厘米，宽 1 厘米；总苞片 3 ～ 4 层，向内层渐长，覆瓦状排列，绿色，草质，外层长披针形或长三角形，长 3 毫米，宽不足 1 毫米，中内层长椭圆状披针形至宽线形，长可达 1.5 厘米，宽 1.5 ～ 2 毫米；全部苞片顶端急尖，外面光滑无毛。舌状小花黄色。瘦果倒披针状，褐色，长 3 毫米，宽 1.1 毫米，压扁，两面各有 3 条细纵肋，肋间无横皱纹。冠毛白色，长可达 7 毫米，柔软，彼此纠缠，基部连合成环。花、果期 5—10 月。

原产地：原产于地中海地区，欧洲、西亚、俄罗斯（西伯利亚、远东地区）、哈萨克斯坦、乌兹别克斯坦、日本也有分布。我国大部分省份均有分布。

生境：生于山坡、林缘、岸边、村庄附近。适生于疏松肥沃的土壤，适应性强。

传入扩散：该种随作物种子携带而无意被引入。可能分别从海外输入华南和华东后扩散蔓延。续断菊一名出自 1921 年的《江苏植物名录》,《中国植物志》称为花叶滇苦菜，其种子可借助风力传播。目前，全市均有分布。

危害：常见杂草，可危害作物、草坪，影响景观。

幼株

花苞和花序

叶片和茎节

植株

生境

36 蒲公英属－药用蒲公英（*Taraxacum officinale* F. H. Wigg.）

别名：西洋蒲公英　　　等级：4 级一般入侵种

形态特征：药用蒲公英为多年生草本植物，根颈部密被黑褐色残存叶基。叶狭倒卵形、长椭圆形，稀少倒披针形，长 4 ～ 20 厘米，宽 10 ～ 65 毫米，大头羽状深裂或羽状浅裂，稀不裂而具波状齿，顶端裂片三角形或长三角形，全缘或具齿，先端急尖或圆钝，每侧裂片 4～7 片，裂片三角形至三角状线形，全缘或具牙齿，裂片先端急尖或渐尖，裂片间常有小齿或小裂片，叶基有时显红紫色，无毛或沿主脉被稀疏的蛛丝状短柔毛。花葶多数，高 5 ～ 40 厘米，长于叶，顶端被丰富的蛛丝状毛，基部常显红紫色；头状花序直径 25 ～ 40 毫米；总苞宽钟状，长 13 ～ 25 毫米，总苞片绿色，先端渐尖、无角，有时略呈胼胝状增厚；外层总苞片宽披针形至披针形，长 4 ～ 10 毫米，宽 1.5 ～ 3.5 毫米，反卷，无或有极窄的膜质边缘，等宽或稍宽于内层总苞片；内层总苞片长为外层总苞片的 1.5 倍；舌状花亮黄色，花冠喉部及舌片下部的背面密生短柔毛，舌片长 7 ～ 8 毫米，宽 1 ～ 1.5 毫米，基部筒长 3 ～ 4 毫米，边缘花舌片背面有紫色条纹，柱头暗黄色。瘦果浅黄褐色，长 3 ～ 4 毫米，中部以上有大量小尖刺，其余部分具小瘤状突起，顶端突然缢缩为长 0.4 ～ 0.6 毫米的喙基，喙纤细，长 7 ～ 12 毫米；冠毛白色，长 6 ～ 8 毫米。花、果期 6—8 月。

原产地：原产于欧洲、归化于非洲、亚洲、北美洲和南美洲。我国部分省份有分布。

生境：生于海拔 700 ～ 2200 米的低山草原、森林草甸、草坪、田间与路边。

传入扩散：该种混在进口草皮种子中而无意被引入，常在城镇草坪上生长，同时也有部分从邻近地区传入。该种在我国最早记录于香港，后扩散蔓延至其他地区。其瘦果具有发达的冠毛，可借风力传播，果体上部有尖刺，也可附着衣服、动物毛皮传播。目前呼伦贝尔市海拉尔区、新巴尔虎左旗、扎兰屯市均发现其分布。

危害：种子产量高，适应性广，为草坪和田园常见杂草，需加强监控管理。

花　种子

幼株　花序

生境

37 水飞蓟属 – 水飞蓟［*Silybum marianum* (Linnaeus) Gaertn.］

别名：水飞雉、奶蓟　　　等级：5 级有待观察种

形态特征：水飞蓟为一年生或二年生草本，高 1.2 米。茎直立，分枝，有条棱，极少不分枝，全部茎枝有白色粉质复被物，被稀疏的蛛丝毛或脱毛。莲座状基生叶与下部茎叶有叶柄，全形椭圆形或倒披针形，长达 50 厘米，宽达 30 厘米，羽状浅裂至全裂；中部与上部茎叶渐小，长卵形或披针形，羽状浅裂或边缘浅波状圆齿裂，基部尾状渐尖，基部心形，半抱茎，最上部茎叶更小，不分裂，披针形，基部心形抱茎。全部叶两面同色，绿色，具大型白色花斑，无毛，质地薄，边缘或裂片边缘及顶端有坚硬的黄色的针刺，针刺长达 5 毫米。头状花序较大，生枝端，植株含多数头状花序，但不形成明显的花序式排列。总苞球形或卵球形，直径 3 ～ 5 厘米。总苞片 6 层，中外层宽匙形，椭圆形、长菱形至披针形，包括顶端针刺长 1 ～ 3 厘米，包括边缘针刺宽达 1.2 厘米，基部或下部或大部紧贴，边缘无针刺，上部扩大成圆形、三角形、近菱形或三角形的坚硬的叶质附属物，附属物边缘或基部有坚硬的针刺，每侧针刺 4 ～ 12 个，长 1 ～ 2 毫米，附属物顶端有长达 5 毫米的针刺；内层苞片线状披针形，长约 2.7 厘米，宽 4 厘米，边缘无针刺，上部无叶质附属物，顶端渐尖。全部苞片无毛，中外层苞片质地坚硬，革质。小花红紫色，少有白色，长 3 厘米，细管部长 2.1 厘米，檐部 5 裂，裂片长 6 毫米。花丝短而宽，上部分离，下部由于被黏质柔毛而黏合。瘦果压扁，长椭圆形或长倒卵形，长 7 毫米，宽约 3 毫米，褐色，有线状长椭圆形的深褐色色斑，顶端有果缘，果缘边缘全缘，无锯齿。冠毛多层，刚毛状，白色，向中层或内层渐长，长达 1.5 厘米；冠毛刚毛锯齿状，基部连合成环，整体脱落；最内层冠毛极短，柔毛状，边缘全缘，排列在冠毛环上。花、果期 5—10 月。

原产地：原产于西亚、北非、南欧等地区，现中国各地均有栽培。

生境：生于农田、荒地、路旁、渠岸附近。

传入扩散：该种作为药用植物和观赏植物被有意引入，最早于 1958 年记录于《中国种子植物科属辞典》，由于其瘦果能榨油，还可提炼水飞蓟素供

药用，有清热、解毒、保肝利胆作用。因此各地大多作为药用植物引进栽培。目前，呼伦贝尔市陈巴尔虎旗、额尔古纳市、牙克石市有大面积种植，偶有野外逸生。

危害：常见杂草、种子产量高，适应性广，危害一般。

幼株　花　花序　植株　生境

38 矢车菊属－矢车菊（*Centaurea cyanus* Linnaeus）

别名：蓝芙蓉　　　等级：5级有待观察种

形态特征：矢车菊为一年生或二年生草本，高30～70厘米或更高，直立，自中部分枝，极少不分枝。全部茎枝灰白色，被薄蛛丝状卷毛。基生叶及下部茎叶长椭圆状倒披针形或披针形，不分裂，边缘全缘无锯齿或边缘疏锯齿至大头羽状分裂，侧裂片1～3对，长椭圆状披针形、线状披针形或线形，边缘全缘无锯齿，顶裂片较大，长椭圆状倒披针形或披针形，边缘有小锯齿。中部茎叶线形、宽线形或线状披针形，长4～9厘米，宽4～8毫米，顶端渐尖，基部楔状，无叶柄边缘全缘无锯齿，上部茎叶与中部茎叶同形，但渐小。全部茎叶两面异色或近异色，上面绿色或灰绿色，被稀疏蛛丝毛或脱毛，下面灰白色，被薄绒毛。头状花序多数或少数在茎枝顶端排成伞房花序或圆锥花序。总苞椭圆状，直径1～1.5厘米，有稀疏蛛丝毛。总苞片约7层，全部总苞片由外向内椭圆形、长椭圆形，外层与中层包括顶端附属物长3～6毫米，宽2～4毫米，内层包括顶端附属物长1～11厘米，宽3～4毫米。全部苞片顶端有浅褐色或白色的附属物，中外层的附属物较大，内层的附属物较大，全部附属物沿苞片短下延，边缘流苏状锯齿。边花增大，超长于中央盘花，蓝色、白色、红色或紫色，檐部5～8裂，盘花浅蓝色或红色。瘦果椭圆形，长3毫米，宽1.5毫米，有细条纹，被稀疏的白色柔毛。冠毛白色或浅土红色，2列，外列多层，向内层渐长，长达3毫米，内列1层，极短；全部冠毛刚毛毛状。花、果期2—8月。

原产地：原产于欧洲，原是一种野生花卉，后经过人为多年培育，花增大，颜色增多，有紫、蓝、浅红、白色等品种，其中紫、蓝色最为名贵，在德国被奉为国花，在欧洲、亚洲、北美等地区都有分布。我国大部分省有引种栽培。

生境：生于农田、荒地、路旁附近。

传入扩散：作为观赏植物被引种栽培，最早的记载是1919年在青岛有栽培。矢车菊一名源于日本，1920年的《植物图说》中首次采用。矢车菊种子量大，可借助风力传播。呼伦贝尔市多见于公园、城市绿化、庭院美化等，仅在额尔古纳市、海拉尔区发现野外逸生。

危害：一般性杂草、发生量小、危害轻。

植株

花

花侧面

生境

39 白酒草属 – 小蓬草［*Conyza canadensis* (Linnaeus) Cronquist］

别名：飞蓬、小飞蓬、小白酒草、加拿大蓬　　　等级：1 级恶意入侵种

形态特征：小蓬草为一年生草本植物，根纺锤状，具纤维状根。茎直立，高 50 ～ 100 厘米或更高，圆柱状，多少具棱，有条纹，被疏长硬毛，上部多分枝。叶密集，基部叶花期常枯萎，下部叶倒披针形，长 6 ～ 10 厘米，宽 1 ～ 1.5 厘米，顶端尖或渐尖，基部渐狭成柄，边缘具疏锯齿或全缘，中部和上部叶较小，线状披针形或线形，近无柄或无柄，全缘或少有具 1 ～ 2 个齿，两面或仅上面被疏短毛边缘常被上弯的硬缘毛。头状花序多数，小，径 3 ～ 4 毫米，排列成顶生多分枝的大圆锥花序；花序梗细，长 5 ～ 10 毫米，总苞近圆柱状，长 2.5 ～ 4 毫米；总苞片 2 ～ 3 层，淡绿色，线状披针形或线形，顶端渐尖，外层约短于内层之半背面被疏毛，内层长 3 ～ 3.5 毫米，宽约 0.3 毫米，边缘干膜质，无毛；花托平，径 2 ～ 2.5 毫米，具不明显的突起；雌花多数，舌状，白色，长 2.5 ～ 3.5 毫米，舌片小，稍超出花盘，线形，顶端具 2 个钝小齿；两性花淡黄色，花冠管状，长 2.5 ～ 3 毫米，上端具 4 或 5 个齿裂，管部上部被疏微毛；瘦果线状披针形，长 1.2 ～ 1.5 毫米稍扁压，被贴微毛；冠毛污白色，1 层，糙毛状，长 2.5 ～ 3 毫米。花期 5—9 月。

原产地：原产于美洲，现在各地广泛分布。目前，中国各省均有分布。

生境：常生于农田、荒地、路旁、村庄附近。

传入扩散：该种随人类活动而无意被引入，首次于 1921 年记录于《江苏植物名录》，称小蒸草，1937 年的《中国植物图鉴》中称加拿大蓬，《中国经济植物志下册》（1961）和《中国植物志》74 卷（1985）改为小蓬草。该种可产生大量的瘦果，借冠毛随风扩散。目前全市各旗市区均有分布。

危害：小蓬草种子微小且产生量巨大，借冠毛随风扩散，蔓延极快，可通过分泌化感物质抑制邻近其他植物的生长，该植物还是棉铃虫和棉�象的中间宿主，其叶汁和捣碎的叶对皮肤有刺激作用。2023 年 1 月被列入我国《重点管理外来入侵物种名录》。

幼株

花和种子

茎和叶

植株

生境

40 白酒草属 – 苏门白酒草［*Conyza sumatrensis* (Retzius) E.］

别名：苏门白酒菊　　　等级：1级恶意入侵种

形态特征：苏门白酒草为一年生或二年生草本，根纺锤状，直或弯，具纤维状根。茎粗壮，直立，高80～150厘米，基部径4～6毫米，具条棱，绿色或下部红紫色，中部或中部以上有长分枝，被较密灰白色上弯糙短毛，杂有开展的疏柔毛。叶密集，基部叶花期凋落，下部叶倒披针形或披针形，长6～10厘米，宽1～3厘米，顶端尖或渐尖，基部渐狭成柄，边缘上部每边常有4～8个粗齿，基部全缘，中部和上部叶渐小，狭披针形或近线形，具齿或全缘，两面特别下面被密糙短毛。头状花序多数，径5～8毫米，在茎枝端排列成大而长的圆锥花序；花序梗长3～5毫米；总苞卵状短圆柱状，长4毫米，宽3～4毫米，总苞片3层，灰绿色，线状披针形或线形，顶端渐尖，背面被糙短毛，外层稍短或短于内层之半，内层长约4毫米，边缘干膜质；花托稍平，具明显小窝孔，径2～2.5毫米；雌花多层，长4～4.5毫米，管部细长，舌片淡黄色或淡紫色，极短细，丝状，顶端具2细裂；两性花6～11个，花冠淡黄色，长约4毫米，檐部狭漏斗形，上端具5齿裂，管部上部被疏微毛。瘦果线状披针形，长1.2～1.5毫米，扁压，被贴微毛；冠毛1层，初时白色，后变黄褐色。花期5—10月。

原产地：原产于南美洲，现归化于热带、亚热带地区。我国多数省份有分布。

生境：常生于农田、荒地、路旁、村庄和果园附近。

传入扩散：该种随人类活动而无意被引入，籽实可能裹挟在货物、粮食中传入。最早见于《中国植物志》74卷（1985）。该种可产生大量的瘦果，借冠毛随风扩散，也可经人为和交通工具携带传播扩散。

苏门白酒草于与小蓬草有非常近的亲缘关系，在形态特征上也非常相近，常与小蓬草伴生，但种群数量与分布范围明显小于小蓬草。主要区别是：苏门白酒草植株要稍粗壮；苏门白酒草叶片边缘呈明显锯齿状，特别是成株顶端叶片边缘还可见锯齿状，小蓬草叶片边缘较平滑且有绒毛；苏门白酒草花序没有白色花舌，小蓬草花序可见白色花舌。

危害： 入侵作物田和果园可导致农作物和果树减产。所到之处排斥其他草本植物，形成单优群落，破坏生物多样性，影响景观。2023 年 1 月被列入我国《重点管理外来入侵物种名录》。

幼株

叶片

茎和叶

花序

生境

41 千里光属 – 欧洲千里光（*Senecio vulgaris* Linnaeus）

别名：欧千里光、欧洲狗舌草　　　等级：4 级一般入侵种

形态特征：欧洲千里光为一年生草本。茎单生，直立，高 12 ～ 45 厘米，自基部或中部分枝；分枝斜升或略弯曲，被疏蛛丝状毛至无毛。叶无柄，全形倒披针状匙形或长圆形，长 3 ～ 11 厘米，宽 0.5 ～ 2 厘米，顶端钝，羽状浅裂至深裂；侧生裂片 3 ～ 4 对，长圆形或长圆状披针形，通常具不规则齿，下部叶基部渐狭成柄状；中部叶基部扩大且半抱茎，两面尤其下面多少被蛛丝状毛至无毛；上部叶较小，线形，具齿。头状花序无舌状花，少数至多数，排列成顶生密集伞房花序；花序梗长 0.5 ～ 2 厘米，有疏柔毛或无毛，具数个线状钻形小苞片。总苞钟状，长 6 ～ 7 毫米，宽 2 ～ 4 毫米，具外层苞片；苞片 7 ～ 11，线状钻形，长 2 ～ 3 毫米，尖，通常具黑色长尖头；总苞片 18 ～ 22，线形，宽 0.5 毫米，尖，上端变黑色，草质，边缘狭膜质，背面无毛。舌状花缺如，管状花多数；花冠黄色，长 5 ～ 6 毫米，管部长 3 ～ 4 毫米，檐部漏斗状，略短于管部；裂片卵形，长 0.3 毫米，钝。花药长 0.7 毫米，基部具短钝耳；附片卵形；花药颈部细，向基部膨大；花柱分枝长 0.5 毫米，顶端截形，有乳头状毛。瘦果圆柱形，长 2 ～ 2.5 毫米，沿肋有柔毛；冠毛白色，长 6 ～ 7 毫米。花期 4—10 月。

原产地：原产于欧洲，归化于温带地区。我国大部分省均有分布。

生境：多见于城市公园、绿地、庭院及住宅周边。

传入扩散：该种随人类活动而无意被引入，籽实可能裹挟在货物、粮食中传入。最早见于 1985 年的《上海植物名录》和 1959 年的《东北植物检索表》，19 世纪入侵我国东北地区。其瘦果常混在作物种子或草皮种子中传播，定居后可产生大量的瘦果，借冠毛随风扩散。目前主要分布在呼伦贝尔市岭北地区。

危害：有毒杂草，家畜摄入会引起肝中毒，造成体重下降、虚弱甚至死亡。同时欧洲千里光由于种子量大、生长发育快、成熟早、生长周期较短等特点，还对作物田、蔬菜田、果园、茶园具有一定的危害。

幼株　花序

花　种子

植株　生境

42 苍耳属 – 刺苍耳（*Xanthium spinosum* Linnaeus）

别名：无　　　等级：2 级严重入侵种

形态特征：刺苍耳为一年生草本，高 40 ～ 120 厘米。茎直立，上部多分枝，节上具三叉状棘刺。叶狭卵状披针形或阔披针形，长 3 ～ 8 厘米，宽 6 ～ 15 毫米，边缘 3 浅裂或不裂，全缘，中间裂片较长，长渐尖，基部楔形，下延至柄，背面密被灰白色毛；叶柄细，长 7 ～ 15 毫米，被绒毛。花单性，雌雄同株。雄花序球状，生于上部，总苞片一层，雄花管状，顶端 5 裂，雄蕊 5 枚。雌花序卵形，生于雄花序下部，总苞囊状，长 8～14 毫米，具钩刺，先端具 2 喙，内有 2 花，无花冠，花柱线形，柱头 2 深裂。总苞内有 2 个瘦果，长椭圆形。花期 8—9 月，果期 9—10 月。

原产地：刺苍耳的原产地在南美洲，后来在欧洲中、南部，亚洲和北美归化。在中国的北京、辽宁、河南、安徽等地都发现其踪迹，且生长旺盛。

生境：多见于路边、荒地和旱地作物田。

传入扩散：该种随进口农产品特别是大豆、玉米、羊毛等裹挟而无意输入。果实具钩刺，常随着人和动物传播，或混在作物种子中散布，还可能随水流扩散。目前，内蒙古主要在呼和浩特市土默特左旗有分布。其他地区并无发生记载，但因其危害严重，且我区已有地区发生，需要重点关注。

危害：刺苍耳是一种世界上广泛蔓延的恶性杂草，适应能力、繁殖能力、传播能力极强，在进入新的生境时，面积迅速扩大，与本土植物争夺养料、水分、光照和生长空间等有限资源，影响本土植物的生长，严重影响生物多样性。刺苍耳侵入农田可对农业构成极大威胁。刺苍耳植株高大且具刺，不易被机械、人工去除，给农田的机械、人工操作带来了困难和障碍；由于植株具硬刺，牛、羊等牲畜不食，刺苍耳泛滥成灾，对入侵地的牧业生产也会产生负面影响。另外，刺苍耳的果实不能代替中药用苍耳子，刺苍耳的大面积蔓延必将对药用苍耳子的质量产生影响。2023 年 1 月，刺苍耳已经列入《重点管理外来入侵物种名录》。

幼株　叶　花序和果

刺果　棘刺

植株　生境

43 苍耳属 – 北美苍耳（*Xanthium chinense* Miller）

别名：蒙古苍耳　　　等级：3 级局部入侵种

形态特征：北美苍耳为一年生草本植物，植株高 30 ～ 100 厘米，也可达 1 米以上。根粗壮，纺锤状，具多数纤维状根。茎直立，坚硬，圆柱形，分枝，有纵沟，被短糙伏毛。叶互生，具长柄，宽卵状三角形或心形，长 5 ～ 9 厘米，宽 4 ～ 8 厘米，3 ～ 5 浅裂，顶端钝或尖，基部心形，与叶柄连接处成相等的楔形，边缘有不规则的粗锯齿，具三基出脉，叶脉两面微凸，密被糙伏毛，侧脉弧形而直达叶缘，上面绿色，下面苍白色，叶柄长 4 ～ 9 厘米。具瘦果的总苞成熟时变坚硬，椭圆形，绿色，或黄褐色，连喙长 18 ～ 20 毫米，宽 8 ～ 10 毫米，两端稍缩小成宽楔形，顶端具 1 或 2 个锥状的喙，喙直而粗，锐尖，外面具较疏的总苞刺，刺长 2 ～ 5.5 毫米（通常 5 毫米），直立，向上部渐狭，基部增粗，径约 1 毫米，顶端具细倒钩，中部以下被柔毛，上端无毛。瘦果 2 个，倒卵形。花期 7—8 月，果期 8—9 月。

原产地：原产于墨西哥、美国和加拿大。我国大部分省份均有分布。

生境：多见于干旱山坡、路边、荒地。

传入扩散：1929 年日本首次发现该种，1933 年传入我国内蒙古赤峰地区，因当时邻近的苏联、朝鲜半岛及蒙古国都不曾有过记录，因此，专家推断可能从日本传入。该种最早的中文名为“蒙古苍耳”，1959 年出自《东北植物检索表》，《内蒙古植物志》（第 3 版）中记载蒙古苍耳与北美苍耳的拉丁名不同，应该为不同种，但后期经专家实地调查和标本研究，蒙古苍耳的形态特征与北美苍耳无异，无疑是后者的异名。目前，呼伦贝尔市大多数旗县有分布。

危害：北美苍耳与本地苍耳共生时，显示出明显的生长优势，其植株数量、高度及叶片大小等均超过本地苍耳，其抗病性也更好，同时北美苍耳可分泌化感物质，影响入侵地生物多样性。

叶

刺果

本地苍耳的刺果和果序

植株

果序

生境

44 苍耳属 – 意大利苍耳（*Xanthium italicum* Moretti）

别名：无　　　　等级：2 级严重入侵种

形态特征：意大利苍耳为一年生草本植物，侧根分支很多，长达 2.1 米；直根深入地下达 1.3 米，植物体高 20 ～ 200 厘米，子叶狭长，6.0 ～ 7.5 毫米，常宿存于成熟植物体上。茎直立，粗壮，基部木质化，有棱，常多分枝，粗糙具毛，有紫色斑点。单叶互生，或茎下部叶近于对生；叶片三角状卵形至宽卵形，长 9 ～ 13 厘米，宽 8 ～ 12 厘米，3 ～ 5 浅裂，有 3 条主脉，边缘具不规则的齿或裂，两面被短硬毛；叶柄长 3 ～ 10 厘米。头状花序单性同株；雄花序直径约 5 毫米，生于雌花序的上方；雌花序具 2 花；总苞结果时长圆形，长 1.9 ～ 3 厘米，直径 1.2 ～ 1.8 厘米，外面特化成长 4 ～ 7 毫米的倒钩刺，刺上被白色透明的刚毛和短腺毛。中国北京十渡风景区的野外观察，5 月 8 日前后出苗，7 月开始开花，8—9 月果实（种子）成熟，9 月底植株开始陆续枯死，生育期约为 145 天。5 月中旬发芽，6 月展叶，花期 8 月，果期 8—9 月。

原产地：原产于美国和加拿大，在中、南美洲、欧洲、非洲、亚洲和大洋洲归化。我国主要分布在华北和东北地区。

生境：多见于干旱山坡、路边、荒地。

传入扩散：意大利苍耳的模式标本采自意大利都灵，因此命名为意大利苍耳，该种随进口农产品（羊毛）等裹挟输入。该种在中国大陆首次记载于北京。因其种子密生许多倒钩刺，很容易附着在家畜家禽、野生动物、农机具及农副产品包装上进行远距离传播。目前，呼伦贝尔市仅在阿荣旗发现该植物。

危害：意大利苍耳的幼苗有毒，牲畜误食会造成中毒，进入农田，可与作物争夺养分，造成减产，意大利苍耳 8% 的覆盖率能使作物减产达到 60%。意大利苍耳与我国本地苍耳相比，植株明显粗壮高大，繁殖力强，种子产生量大，竞争优势明显，对入侵地生物多样性可产生不利影响，同时意大利苍耳花期可产生大量致敏花粉，可诱发过敏症状。

幼株

茎（有紫色斑点和棱）

茎、叶、刺果

刺果

植株

45 假苍耳属－假苍耳［*Cyclachaena xanthiifolia* (Nuttall) Fresenius］

别名：无　　　等级：2级严重入侵种

形态特征：假苍耳为一年生草本植物，具发达直根系，株高0.5～2.0米，多分枝，粗壮，下部茎光滑无毛，绿色或紫色，具明显纵条纹，向上渐有毛，节很明显。叶片大部分对生，顶部的少数叶片互生；单叶，长卵圆形、阔卵形至心脏形；叶脉在背面隆起，叶前端渐尖，叶基阔楔形、截形或心形，叶缘有重锯齿；叶正面具短伏毛，背面具绵毛，灰绿色；叶柄长3～12厘米。头状花序排成圆锥花序状，花序枝顶生及腋生，每个头状花序下垂，具极短的柄；总苞5枚，覆瓦状排列，叶质，椭圆状菱形，顶端通常具短尖，脉明显，边缘微锯齿状，有睫毛；花单性，同一头状花序上既有雌花也有雄花，全部为管状花，着生在圆锥形的花序托上；雌花位于花序盘边缘，通常5个，位于总苞片内侧，在雌花与总苞片之间有一大型船形鳞片包围雌花，鳞片边缘有睫毛；雌花的筒状花冠退化成极短的膜质小筒，位于子房的顶端，包围花柱的基部，花柱较短，柱头二裂，子房倒卵形，腹面平，背面隆起，幼时多毛；雄花位于花序盘中央，数目较多，每个头状花序有数十朵雄花，每朵雄花基部皆有一条形鳞片；雄花的花冠筒长约2毫米，顶端膨大，下部较细，具5个齿裂；花粉粒圆球形，具刺状凸起；雄花中存在退化雌蕊，退化花柱较长（1.2毫米左右），柱头盘状。瘦果黑褐色至灰黄褐色，倒卵形，有较平的腹面和隆起的背面，腹面中央及两侧各有一条脊棱，顶端有花柱残痕，并有稀疏柔毛。花、果期8—10月。

原产地：原产于北美大草原、密西西比河沿岸各地。目前，我国黑龙江、内蒙古、吉林、河北、辽宁、山东、新疆均有分布。

生境：多见路边、荒地。

传入扩散：具体传入我国时间及传入方式不明，1981年在辽宁省朝阳县首次发现该植物，1982年在沈阳等地也发现其分布。目前，呼伦贝尔市并未发现该种，但因与呼伦贝尔市毗邻的齐齐哈尔市有该种发生的报道，加之赤峰市、通辽市也有发生的报道，因此，需要重点关注，防止扩散蔓延到呼伦贝尔市。

危害：假苍耳适应性、长势、竞争力、繁殖力等均较强，无论是在贫瘠的公路两侧，还是在营养丰富的粪堆旁，均能生长；其化感物质能够明显抑制其他植物的萌发及生长发育，特别是对农田禾本科杂草的抑制作用明显。假苍耳生长过程中易排斥其他植物，形成单一群落，改变当地原有植物种类和群落类型，危害较大。假苍耳可在花期产生大量花粉，其花粉可导致枯草热病的患者增多；果期植株散发明显的异味，皮肤敏感的人接触到假苍耳叶片会引发皮肤炎，已有研究表明，假苍耳的危害比豚草更大。假苍耳收录在《中华人民共和国进境植物检疫性有害生物名录》，同时也被列入《重点管理外来入侵物种名录》。

叶　花　花序

茎　植株　生境

46 豚草属－豚草（*Ambrosia artemisiifolia* L.）

别名：美洲艾、艾叶破布草　　　等级：1 级恶意入侵种

形态特征：豚草为一年生草本植物，高 20 ～ 150 厘米；茎直立，上部有圆锥状分枝，有棱，被疏生密糙毛。下部叶对生，具短叶柄，二次羽状分裂，裂片狭小，长圆形至倒披针形，全缘，有明显的中脉，上面深绿色，被细短伏毛或近无毛，背面灰绿色，被密短糙毛；上部叶互生，无柄，羽状分裂。雄头状花序半球形或卵形，径 4 ～ 5 毫米，具短梗，下垂，在枝端密集成总状花序。总苞宽半球形或碟形；总苞片全部结合，无肋，边缘具波状圆齿，稍被糙伏毛。花托具刚毛状托片；每个头状花序有 10 ～ 15 个不育的小花；花冠淡黄色，长 2 毫米，有短管部，上部钟状，有宽裂片；花药卵圆形；花柱不分裂，顶端膨大成画笔状。雌头状花序无花序梗，在雄头花序下面或在下部叶腋单生，或 2 ～ 3 个密集成团伞状，有 1 个无被能育的雌花，总苞闭合，具结合的总苞片，倒卵形或卵状长圆形，长 4 ～ 5 毫米，宽约 2 毫米，顶端有围裹花柱的圆锥状嘴部，在顶部以下有 4 ～ 6 个尖刺，稍被糙毛；花柱 2 深裂，丝状，伸出总苞的嘴部。瘦果倒卵形，无毛，藏于坚硬的总苞中。花期 8—9 月，果期 9—10 月。

原产地：原产于美国和加拿大南部，现广泛分布于非洲、亚洲、澳大利亚。我国主要分布在东北、华北、华东和华中约 15 个省份。

生境：喜湿润怕干旱，常分布于路边、荒地、水沟旁、田块周围或农田、苗木中。

传入扩散：我国于 1935 年发现于杭州，后经与苏联的贸易往来而传入东北，华北地区也可能由进口粮食和货物裹挟带入。豚草一名源自日本名豕草，1959 年的《上海植物名录》首次使用豚草一词。豚草产籽粒量极高，其籽粒可随风、水流、动物及人类活动等多种方式近距离或远距离传播。虽然呼伦贝尔市调查结果未发现豚草，但毗邻的黑龙江有豚草分布，传入呼伦贝尔市风险很大，需要重点关注。

危害：豚草种子产生量巨大，生长旺盛的单株可产生 7 万～ 10 万粒种子，可通过风、水流、动物活动及人为活动等多种方式传播，在新的入侵地

竞争优势明显，影响生物多样性；同时豚草花粉是导致人类过敏性鼻炎、花粉症或皮炎的过敏原之一。豚草已经列入《中国进境植物检疫性有害生物名录》《中国外来入侵物种名单（第二批）》和最新公布的《重点外来入侵物种管理名录》。

幼苗

花序

花

植株

生境

47 豚草属 – 三裂叶豚草（*Ambrosia trifida* Linnaeus）

别名：大破布草　　　等级：1 级恶意入侵种

形态特征：三裂叶豚草为一年生粗壮草本植物，高 50 ～ 120 厘米，有时可达 170 厘米，有分枝，被短糙毛，有时近无毛。叶对生，有时互生，具叶柄，下部叶 3 ～ 5 裂，上部叶 3 裂或有时不裂，裂片卵状披针形或披针形，顶端急尖或渐尖，边缘有锐锯齿，有三基出脉，粗糙，上面深绿色，背面灰绿色，两面被短糙伏毛。叶柄长 2 ～ 3.5 厘米，被短糙毛，基部膨大，边缘有窄翅，被长缘毛。雄头状花序多数，圆形，径约 5 毫米，有长 2 ～ 3 毫米的细花序梗，下垂，在枝端密集成总状花序。总苞浅碟形，绿色；总苞片结合，外面有 3 肋，边缘有圆齿，被疏短糙毛。花托无托片，具白色长柔毛，每个头状花序有 20 ～ 25 不育的小花；小花黄色，长 1 ～ 2 毫米，花冠钟形，上端 5 裂，外面有 5 紫色条纹。花药离生，卵圆形；花柱不分裂，顶端膨大成画笔状。雌头状花序在雄头状花序下面上部的叶状苞叶的腋部聚作团伞状，具一个无被能育的雌花。总苞倒卵形，长 6 ～ 8 毫米，宽 4 ～ 5 毫米，顶端具圆锥状短嘴，嘴部以下有 5 ～ 7 肋，每肋顶端有瘤或尖刺，无毛，花柱 2 深裂，丝状，上伸出总苞的嘴部之外。瘦果倒卵形，无毛，藏于坚硬的总苞中。花期 8 月，果期 9—10 月。三裂叶豚草的花序及花器结构与豚草相似，但雄花序粗大，雄花序的总苞比豚草大，直径可达 4 ～ 7 毫米，由 6 ～ 7 个扇形总苞片联合而成，背面有 5 ～ 6 条黑褐色放射线，总苞比豚草总苞浅，呈浅盘状，手触摸时会染上红色。总苞内花的数目也多，通常为 20 ～ 30 朵，雄花结构与豚草相同。雌花序也生于雄花序轴基部的叶腋内，每对叶腋有 15 ～ 20 个花序聚成轮状，也有少数单生的。其结构与豚草相同，但要大一些。

原产地：原产于北美洲东部，现遍布于美国及加拿大南部。后入侵南美洲、欧洲、亚洲和澳大利亚。我国北京、河北、黑龙江、湖北等 20 多个省份均有分布。

生境：常分布于田野、路边、林缘或河边的湿地附近。

传入扩散：我国最早于 1930 年在辽宁铁岭发现三裂叶豚草，可能是随农产品进口而无意引入的。1959 年的《东北植物检索表》中将该种记载为豚草，后《中国高等植物图鉴》第四册（1975）和《中国植物志》75卷（1979）将其改为三裂叶豚草。豚草具有强大的繁殖能力，每株可产生约5000粒种子，可随风扩散到很远的地方；而人为作物种子的调运，交通工具的携带等人为活动也是其远距离扩散的主要方式。虽然呼伦贝尔市调查结果未发现，但兴安盟、通辽市、赤峰市、锡林郭勒盟等地区有分布，入侵扩散趋势明显，需要重点关注。

危害：三裂叶豚草植株高大，入侵农田可与农作物争夺水分、光照和养分，还具有化感作用，严重危害生物多样性。同时其花粉产生量巨大，与豚草花粉相同，是重要的过敏原，已经列入《中国进境植物检疫性有害生物名录》《中国外来入侵物种名单（第二批）》和最新公布的《重点外来入侵物种管理名录》。

叶　幼株　花

花序　植株　生境

48 万寿菊属－万寿菊（*Tagetes erecta* L.）

别名：臭芙蓉、臭菊花　　　等级：4 级一般入侵种

形态特征：万寿菊为一年生草本植物，一年生草本，高 50 ～ 150 厘米。茎直立，粗壮，具纵细条棱，分枝向上平展。叶羽状分裂，长 5 ～ 10 厘米，宽 4 ～ 8 厘米，裂片长椭圆形或披针形，边缘具锐锯齿，上部叶裂片的齿端有长细芒；沿叶缘有少数腺体。头状花序单生，径 5 ～ 8 厘米，花序梗顶端棍棒状膨大；总苞长 1.8 ～ 2 厘米，宽 1 ～ 1.5 厘米，杯状，顶端具齿尖；舌状花黄色或暗橙色；长 2.9 厘米，舌片倒卵形，长 1.4 厘米，宽 1.2 厘米，基部收缩成长爪，顶端微弯缺；管状花花冠黄色，长约 9 毫米，顶端具 5 齿裂。瘦果线形，基部缩小，黑色或褐色，长 8 ～ 11 毫米，被短微毛；冠毛有 1 ～ 2 个长芒和 2 ～ 3 个短而钝的鳞片。花期 7—9 月。

原产地：原产于墨西哥。我国各地均有种植。

生境：常分布于路边、花坛附近。

传入扩散：作为观赏花卉被有意引入，后逸野外。我国最早记录于清代《秘传花镜》(1688)。万寿菊因其悠久的栽培历史，培育了多个品种，花朵的颜色和大小都存在差异。呼伦贝尔市各旗市区都有栽培，偶有野外逸生情况。

危害：杂草、入侵山坡草地，影响生物多样性和植被恢复，但竞争优势不明显，未产生危害情况。

幼株

花

茎、叶、花苞

花序

生境

49 天人菊属－天人菊（*Gaillardia pulchella* Foug.）

别名：无　　　等级：5级有待观察种

形态特征：天人菊为一年生草本植物，高20～60厘米。茎中部以上多分枝，分枝斜升，被短柔毛或锈色毛。下部叶匙形或倒披针形，长5～10厘米，宽1～2厘米，边缘波状钝齿、浅裂至琴状分裂，先端急尖，近无柄，上部叶长椭圆形，倒披针形或匙形，长3～9厘米，全缘或上部有疏锯齿或中部以上3浅裂，基部无柄或心形半抱茎，叶两面被伏毛。头状花序径5厘米。总苞片披针形，长1.5厘米，边缘有长缘毛，背面有腺点，基部密被长柔毛。舌状花黄色，基部带紫色，舌片宽楔形，长1厘米，顶端2～3裂；管状花裂片三角形，顶端渐尖成芒状，被节毛。瘦果长2毫米，基部被长柔毛。冠毛长5毫米。花、果期6—8月。

原产地：原产于北美洲。我国各地均有种植。

生境：常分布于路边、花坛附近。

传入扩散：天人菊源于日本名，1920年张宗绪编著的《植物名汇拾遗》记载其俗称“金钱菊”，因其花朵鲜艳花期较长，作为观赏植物有意引进。呼伦贝尔市部分旗市区有种植，偶见野外逸生情况。

危害：对其他植物有一定的化感作用，但因极少出现野外逃逸，未产生危害情况。

果序

花

花序

植株

生境

50 牛膝菊属－牛膝菊（*Galinsoga parviflora* Cav.）

别名：辣子草、向阳花、小米菊　　　等级：2 级严重入侵种

形态特征：牛膝菊为一年生草本植物，高 10 ～ 80 厘米。茎纤细，基部径不足 1 毫米，或粗壮，基部径约 4 毫米，不分枝或自基部分枝，分枝斜升，全部茎枝被疏散或上部稠密地贴伏短柔毛和少量腺毛，茎基部和中部花期脱毛或稀毛。叶对生，卵形或长椭圆状卵形，长 2.5 ～ 5.5 厘米，宽 1.2 ～ 3.5 厘米，基部圆形、宽或狭楔形，顶端渐尖或钝，基出三脉或不明显五出脉，在叶下面稍突起，在上面平，有叶柄，柄长 1 ～ 2 厘米；向上及花序下部的叶渐小，通常披针形；全部茎叶两面粗涩，被白色稀疏贴伏的短柔毛，沿脉和叶柄上的毛较密，边缘浅或钝锯齿或波状浅锯齿，在花序下部的叶有时全缘或近全缘。头状花序半球形，有长花梗，多数在茎枝顶端排成疏松的伞房花序，花序径约 3 厘米。总苞半球形或宽钟状，宽 3 ～ 6 毫米；总苞片 1 ～ 2 层，约 5 个，外层短，内层卵形或卵圆形，长 3 毫米，顶端圆钝，白色，膜质。舌状花 4 ～ 5 个，舌片白色，顶端 3 齿裂，筒部细管状，外面被稠密白色短柔毛；管状花花冠长约 1 毫米，黄色，下部被稠密的白色短柔毛。托片倒披针形或长倒披针形，纸质，顶端 3 裂或不裂或侧裂。瘦果长 1 ～ 1.5 毫米，三棱或中央的瘦果 4 ～ 5 棱，黑色或黑褐色，常压扁，被白色微毛。舌状花冠毛毛状，脱落；管状花冠毛膜片状，白色，披针形，边缘流苏状，固结于冠毛环上，正体脱落。花、果期 7—10 月。

原产地：原产于南美洲。在我国归化。

生境：喜湿怕旱，主要见于城市公园、绿地、庭院、住宅小区及设施农业园区等区域，在野外荒地较干燥的区域比较少见。

传入扩散：随人或动物活动，特别是园艺植物引种裹挟而无意带入，于 1937 年的《中国植物图鉴》得名牛膝菊。其种子量大，在风力的作用下四处扩散，也可随人为活动扩散传播。目前，主要分布在呼伦贝尔市岭南地区，岭北海拉尔区有零星发生。

危害：牛膝菊是一种难以去除的杂草，适应能力强，发生量大，对农田作物、蔬菜等都有严重影响。

幼株

茎、叶、花

花序

植株

生境

51 牛膝菊属－粗毛牛膝菊（*Galinsoga quadriradiata* Ruiz & Pavon）

别名：粗毛辣子草、粗毛小米菊、珍珠草、睫毛牛膝菊　　　等级：2级严重入侵种

形态特征：粗毛牛膝菊为一年生草本植物，成株高10～60厘米；茎直立，纤细不分枝或自茎部分枝，分枝斜升，侧枝发生于叶腋间，茎密被展开的长柔毛，而茎顶和花序轴被少量腺毛；叶对生，卵形或长椭圆状卵形，长2.5～5.5厘米，宽1.2～3.5厘米，基部圆形、宽或狭楔形，顶端渐尖或钝，叶两面被长柔毛，边缘有粗锯齿或犬齿；头状花序半球形，排列成伞房花序于茎顶端；舌状花5朵，雌性，舌片白色，顶端3齿裂，筒部细管状，外面被稠密白色短毛；管状花黄色，两性，顶端5齿裂，冠毛（萼片）先端具钻形尖头，短于花冠筒；托片膜质，披针形，边缘具不等长纤毛。瘦果黑色或黑褐色，被白色微毛。

原产地：原产于墨西哥，但广泛分布于美国南部。中国大部分省份都有分布。

生境：喜湿怕旱，主要见于城市公园、绿地、庭院、住宅小区及设施农业园区等区域，在野外荒地较干燥的区域比较少见。

传入扩散：20世纪中叶随园艺植物引种，无意传入我国，1943年在四川成都首次采到标本，粗毛牛膝菊一名出自《中国植物志》第75卷（1979年）。其种子具短硬毛，借风力黏附于人畜散播。目前，主要分布在呼伦贝尔市扎兰屯市、阿荣旗、莫力达瓦达斡尔族自治旗。

危害：危害秋收作物、蔬菜、观赏花卉，发生量大，危害重。粗毛牛膝菊能产生大量的种子，在适宜条件下快速扩增，排挤本土植物，形成大面积的单一优势群落，影响当地的生物多样性。粗毛牛膝菊与同属的牛膝菊形态相似度较高，常与牛膝菊伴生，但分布范围和种群密度要低于牛膝菊。主要区别在于粗毛牛膝菊植株稍粗壮，叶片及茎秆为深绿色且被毛更加明显，头状花序的白色花舌明显更大。

幼株

茎（有明显的绒毛）

植株顶端

花序

植株

52 秋英属－秋英（*Cosmos bipinnatus* Cavanilles）

别名：大波斯菊　　　　等级：4 级一般入侵种

形态特征：秋英为一年草本植物，植株高 30 ～ 200 厘米。根纺锤状，多须根，或近茎基部有不定根。茎无毛或稍被柔毛。叶二次羽状深裂，裂片线形或丝状线形。头状花序单生，径 3 ～ 6 厘米；花序梗长 6 ～ 18 厘米。总苞片外层披针形或线状披针形，近革质，淡绿色，具深紫色条纹，上端长狭尖，较内层与内层等长，长 10 ～ 15 毫米，内层椭圆状卵形，膜质。托片平展，上端成丝状，与瘦果近等长。舌状花紫红色、粉红色或白色；舌片椭圆状倒卵形，长 2 ～ 3 厘米，宽 1.2 ～ 1.8 厘米，有 3 ～ 5 钝齿；管状花黄色，长 6 ～ 8 毫米，管部短，上部圆柱形，有披针状裂片；花柱具短突尖的附器。瘦果黑紫色，长 8 ～ 12 毫米，无毛，上端具长喙，有 2 ～ 3 尖刺。花期 6—8 月，果期 9—10 月。

原产地：秋英原产于墨西哥和美国。在中国各地均有分布。

生境：常分布于路边、花坛附近。

传入扩散：秋英作为花卉种植栽培，在 1933 年的《植物学大辞典》中称为大波斯菊，秋英一名出自 1953 年的《广州常见经济植物》。秋英有较长的栽培历史，培育出了多个品种，花色较多。呼伦贝尔市部分旗市区有种植，偶见野外逸生情况。

危害：逸生杂草，但因极少出现野外逃逸，未产生危害情况。

幼株

花和花苞

植株

花序

生境

大片种植的秋英

53 向日葵属－菊芋（*Helianthus tuberosus* L.）

别名：地姜、洋姜、鬼仔姜　　　等级：5 级有待观察种

形态特征：菊芋为多年宿根性草本植物。高 1 ～ 3 米，有块状的地下茎及纤维状根。茎直立，有分枝，被白色短糙毛或刚毛。叶通常对生，有叶柄，但上部叶互生；下部叶卵圆形或卵状椭圆形，有长柄，长 10 ～ 16 厘米，宽 3 ～ 6 厘米，基部宽楔形或圆形，有时微心形，顶端渐细尖，边缘有粗锯齿，有离基三出脉，上面被白色短粗毛、下面被柔毛，叶脉上有短硬毛，上部叶长椭圆形至阔披针形，基部渐狭，下延成短翅状，顶端渐尖，短尾状。头状花序较大，少数或多数，单生于枝端，有 1 ～ 2 个线状披针形的苞叶，直立，径 2 ～ 5 厘米，总苞片多层，披针形，长 14 ～ 17 毫米、宽 2 ～ 3 毫米，顶端长渐尖，背面被短伏毛，边缘被开展的缘毛；托片长圆形，长 8 毫米，背面有肋、上端不等三浅裂。舌状花通常 12 ～ 20 个，舌片黄色，开展，长椭圆形，长 1.7 ～ 3 厘米；管状花花冠黄色，长 6 毫米。瘦果小，楔形，上端有 2 ～ 4 个有毛的锥状扁芒。花期 8—9 月。

原产地：原产于北美洲，17 世纪传入欧洲，现在广泛引种和规划于温带地区。目前，我国大部分地区均有分布。

生境：适应性强，抗旱、耐寒，常分布在住宅边、路边、田野、河滩、荒地附近。

传入扩散：人工引种到我国沿海地区栽培，最早于 1918 年在山东青岛栽培。后栽培区域不断扩大。呼伦贝尔市大部分旗县有栽培种植，野外逸生还比较少见。

危害：根系发达、繁殖力强，可成为一种高大的多年生宿根性杂草。影响景观和生物多样性。应严格控制逸生植株，加强监测。

植株

茎、叶、花

根

花序

生境

成片的菊芋

十七、禾本科

54 燕麦属－野燕麦（*Avena fatua* Linnaeus）

别名：燕麦草、香麦、铃铛草　　　　等级：2 级严重入侵种

形态特征：野燕麦为一年生草本植物。须根较坚韧。秆直立，光滑无毛，高 60 ～ 120 厘米，具 2 ～ 4 节。叶鞘松弛，光滑或基部者被微毛；叶舌透明膜质，长 1 ～ 5 毫米；叶片扁平，长 10 ～ 30 厘米，宽 4 ～ 12 毫米，微粗糙，或上面和边缘疏生柔毛。圆锥花序开展，金字塔形，长 10 ～ 25 厘米，分枝具棱角，粗糙；小穗长 18 ～ 25 毫米，含 2 ～ 3 小花，其柄弯曲下垂，顶端膨胀；小穗轴密生淡棕色或白色硬毛，其节脆硬易断落，第一节间长约 3 毫米；颖草质，几相等，通常具 9 脉；外稃质地坚硬，第一外稃长 15 ～ 20 毫米，背面中部以下具淡棕色或白色硬毛，芒自稃体中部稍下处伸出，长 2 ～ 4 厘米，膝曲，芒柱棕色，扭转。颖果被淡棕色柔毛，腹面具纵沟，长 6 ～ 8 毫米。花、果期 4—9 月。

原产地：原产于欧洲、中亚及亚洲西南部，现广泛分布于全世界温带及寒带地区，目前基本遍布全国各地。

生境：常见于荒野、荒山草坡、田间、路边等处。

传入扩散：野燕麦作为世界性的恶性农田杂草，在国内并没有引种记录，20 世纪中期已经广泛分布于全国各地，很可能不是近代引入的。野燕麦在国内常常与小麦混生，推测其可能作为小麦的伴生杂草随着小麦引种从地中海传入我国。野燕麦在我国最早记载于香港荒地，1935 年鲁德鑫主编的《动植物名词汇编》收录了野燕麦。1959 年的《中国主要植物图说・禾本科》记载其分布于全国，常与小麦混生而成为有害的杂草。2002 年出版的《中国外来入侵物种》将其列为入侵植物。目前，呼伦贝尔市大部分旗县有分布。

危害：野燕麦是麦类作物田间的恶性杂草，常与小麦混生，与小麦形态相似、生长发育期相近，具有拟态竞争性，并且是麦类赤霉病、叶斑病和黑粉病的寄主，严重威胁作物生产。2016 年被列入《中国外来入侵物种名单（第四批）》，2023 年又被列入我国《重点管理外来入侵物种名录》。

幼株

植株

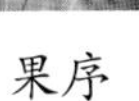

果序

颖果

生境

55 大麦草属－芒颖大麦草（*Hordeum jubatum* Linnaeus）

别名：麦芒草　　　等级：4级一般入侵种

形态特征：芒颖大麦草为一年或越年生草本植物。平滑无毛，秆丛生，直立或基部稍倾斜，高30～45厘米，径约2毫米，具3～5节。叶鞘下部者长于而中部以上者短于节间；叶舌干膜质、截平，长约0.5毫米；叶片扁平，粗糙，长6～12厘米，宽1.5～3.5毫米。穗状花序柔软，绿色或稍带紫色，长约10厘米（包括芒）；穗轴成熟时逐节断落，节间长约1毫米，棱边具短硬纤毛；三联小穗两侧者各具长约1毫米的柄，两颖为长5～6厘米弯软细芒状，其小花通常退化为芒状，稀为雄性；中间无柄小穗的颖长4.5～6.5厘米，细而弯；外稃披针形，具5脉，长5～6毫米，先端具长达7厘米的细芒；内稃与外稃等长。花、果期5—8月。

原产地：原产于北美洲及亚欧大陆的寒温带，在美国北部和加拿大的南部地区是一种严重危害的杂草。我国主要分布在东北、华北和西北地区。

生境：常分布于路边、田野、草地、作物田、公园绿地、湖边绿地、林下等处。

传入扩散：作为牧草被有意引入，国内学者普遍认为芒颖大麦草最早是在东北逸生，后扩散开展。根据标本采集判断，传入时间应该不晚于20世纪20年代，传入地区为辽宁大连。2004年出版的《中国外来入侵物种编目》将其列为外来入侵植物。2016年，陈超等通过文献查阅和实地调研发现芒颖大麦草已扩散到了中国10个省（区、市）的22个市县，结合其生物学和生态学特征，认为芒颖大麦草是一种具有高度风险的入侵植物。芒颖大麦草的传播途径主要分为有意栽培和无意扩散两种方式。该种常被作为观赏植物，用于绿化，也曾被当作牧草种植，还曾尝试作为菱镁矿粉尘污染土壤的修复植物种植。其种子可依靠风力传播，也可附着于动物毛皮、衣物以及其他器械上进行传播，还会夹杂于其他牧草种子中传播，或由雨水冲刷、灌溉水流等方式传播。呼伦贝尔市2010年首次在陈巴尔虎旗发现芒颖大麦草，目前已经扩散到全市14个旗市区，部分地区芒颖大麦草已入侵天然放牧场，发生面积超过100万亩①，亟须加

---

① 1亩约为667平方米，全书同。

强监测与管理。

危害：芒颖大麦草具有广泛的适应性和很强的耐盐碱能力，比其他草地植物具有更强的竞争力，容易成为多种类型草地的优势植物，尤其是盐碱化草地，对当地的生物多样性和草场牧草的品质与产量都有较大的影响；同时成熟后的芒颖大麦草的适口性差，家畜不喜采食，并易造成对家畜的直接损伤。

幼株　花序

盛花期　成熟期

植株　生境

56 黑麦草属－多花黑麦草（*Lolium multiflorum* Lamarck）

别名：意大利黑麦草　　　等级：4 级一般入侵种

形态特征：多花黑麦草为一年生、越年生或短期多年生草本植物。秆直立或基部偃卧节上生根，高 50 ～ 130 厘米，具 4 ～ 5 节，较细弱至粗壮。叶鞘疏松；叶舌长达 4 毫米，有时具叶耳；叶片扁平，长 10 ～ 20 厘米，宽 3 ～ 8 毫米，无毛，上面微粗糙。穗形总状花序直立或弯曲，长 15 ～ 30 厘米，宽 5 ～ 8 毫米；穗轴柔软，节间长 10 ～ 15 毫米，无毛，上面微粗糙；小穗含 10 ～ 15 小花，长 10 ～ 18 毫米，宽 3 ～ 5 毫米；小穗轴节间长约 1 毫米，平滑无毛；颖披针形，质地较硬，具 5 ～ 7 脉，长 5 ～ 8 毫米，具狭膜质边缘，顶端钝，通常与第一小花等长；外稃长圆状披针形，长约 6 毫米，具 5 脉，基盘小，顶端膜质透明，具长 5 ～ 15 毫米之细芒，或上部小花无芒；内稃约与外稃等长，脊上具纤毛。颖果长圆形，长为宽的 3 倍。花、果期 7—8 月。

原产地：原产于欧洲中部和南部、非洲西北部以及亚洲西南部等地区。该种作为牧草和草坪草被大量引种至全世界温带地区，现已广泛分布于世界亚热带至温带地区。我国大部分省份均有分布。

生境：喜肥沃土壤，喜生于降水量较高的地区，常见于路边荒地、耕地，以及农田周围、园林绿地、草坪。

传入扩散：20 世纪 30 年代，当时南京的农业试验所和中央林业试验所从美国引进了 100 多份豆科和禾本科的牧草种子，在南京开展引种试验，其中就有多花黑麦草。多花黑麦草在我国最早记载见于 1952 年的《植物分类学报》，1959 年的《中国主要植物图说・禾本科》中称该种当时仅作为牧草引种栽培。郭水良和李扬汉（1995）首次将其作为外来杂草报道。多花黑麦草主要随引种栽培而传播，具有一定的自播性，其种子可随风扩散，也可混于土壤中随草皮运输而传播。目前，呼伦贝尔市仅在牙克石市博克图镇发现多花黑麦草，不排除其他地方也有分布。

危害：多花黑麦草生长迅速，可产生大量种子，其危害主要表现为入侵天然草场、农田和草坪，影响原生牧草的生长，破坏草坪景观。此外，多花黑麦草还是赤霉病和冠锈病的寄主。但由于呼伦贝尔市野外逸生的多花黑麦草较少，未产生危害情况。

花序　节　小穗

植株　生境

57 蒺藜草属 – 长刺蒺藜草［*Cenchrus longispinus* (Hack.) Fernald］

别名：草狗子、草蒺藜、刺蒺藜草　　　等级：1 级恶意入侵种

形态特征：长刺蒺藜草为一年生草本植物，丛生，具须根，植株高 20 ～ 90 厘米。秆圆柱形，中空，有时外倾呈匍匐状，常自基部分枝。叶鞘扁平，除鞘口缘毛外，其余无毛；叶舌长 0.6 ～ 1.8 毫米；叶片长 4 ～ 27 厘米，宽 1.5 ～ 5（～ 7.5）毫米，上面粗糙，下面无毛。穗形总状花序长 1.5 ～ 8（～ 10）厘米；小穗 2 ～ 3（～ 4）枚簇生成束，其外围由不孕小枝愈合形成刺苞，刺苞近球形，长 8.3 ～ 11.9 毫米，宽 3.5 ～ 6 毫米；刺苞具刺 45 ～ 75 枚；外轮刺多数，常为刚毛状，有时反折，比内轮刺短；内轮刺 10 ～ 20 枚，钻形，长 3.5 ～ 7 毫米，基部宽 0.5 ～ 0.9（～ 1.4）毫米；刺苞及刺的下部具柔毛；小穗卵形，无柄，长（4 ～）5.8 ～ 7.8 毫米，宽 2.5 ～ 2.8 毫米；第一颖长 0.8 ～ 3 毫米，第二颖长 4 ～ 6 毫米，具 3 ～ 5 脉；第一小花常雄性，外稃长 4 ～ 6.5 毫米，具 3 ～ 7 脉；花药长 1.5 ～ 2 毫米；第二小花外稃质硬，背面平坦，顶端尖，长 4 ～ 7（～ 7.6）毫米，具 5 脉，花药长 0.7 ～ 1 毫米。颖果卵形，长 2 ～ 3.8 毫米，宽 1.5 ～ 2.6 毫米，黄褐色或黑褐色，包藏于刺苞内。

原产地：原产于北美洲东部地区、墨西哥至西印度群岛，该种最迟于 1933 年被带入意大利，随后在欧洲蔓延，如今在意大利已广泛归化并且表现出入侵趋势。现在长刺蒺藜草广泛分布于美国全境、摩洛哥、非洲南部、地中海地区至欧洲东部，澳大利亚以及亚洲温带地区也有分布。目前我国北京、河北、吉林、辽宁、内蒙古等地有分布。

生境：喜沙质土壤或碎石地，生于路边、荒地、农田、果园、苗圃、草坪、牧场等处。

传入扩散：有专家学者认为该种是于 1942 年日本侵华时在中国东北垦殖过程中无意带入的，由文献及标本证据可知该种在中国首先传入地为辽宁，随后向内蒙古、吉林蔓延，并入侵华北地区。20 世纪 80 年代，该种首次在辽宁被发现。《内蒙古植物志》（第 3 版）中记载蒺藜草属在内蒙古只有 1 种，

为光梗蒺藜草（*Cenchrus incertus* M.A.Curtis），在《中国外来入侵植物志》中描述：光梗蒺藜草与长刺蒺藜草极其相似，区别在于光梗蒺藜草的刺少于长刺疾蔡草，前者刺苞裂片扁平状，刺基部常无刚毛状而后者刺苞裂片针刺状或稍扁平，且刺苞基部具多数刚毛状刺，国内几乎所有的文献都将长刺蒺藜草误鉴定成了光梗蒺藜草，并且这个错误一直延续至今。按照《中国外来入侵植物志》的说法，内蒙古现有的光梗蒺藜草应该是长刺蒺藜草。长刺蒺藜草的传播方式与蒺藜相似，主要随着人们的打草、放牧、牲畜的流转，以及车辆携带沿草原、公路和铁路沿线扩散。

危害：长刺蒺藜草种子外由刺苞包裹，刺苞成熟后布满坚硬长刺且具多数微小的倒刺，极易附着在衣服、动物皮毛和货物上，传播迅速；侵入农田后与农作物争夺水分、养分，影响作物的正常生长发育，其果实成熟后刺苞硬刺极易扎手，给农事活动带来极大不便；侵入草场后直接影响牧草品质，致使优良牧草产量降低，间接降低畜牧业的生产水平，刺苞硬刺可伤害草地上的牲畜，能扎进牲畜的皮毛，降低牲畜皮毛的价值，牛羊取食后容易刺伤口腔，形成溃疡，还可能刺破肠胃黏膜形成草结，影响正常的消化吸收功能，严重时可造成肠胃穿孔引起死亡，对当地农牧业生产带来严重危害。2023 年 1 月长刺蒺藜草被列入我国《重点管理外来入侵物种名录》。

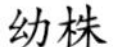

幼株

根部的刺苞

花序

植株

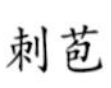

刺苞

生境